JN452052

유기가공품
인증 심사 방법론

한옥수
한중열 공저

전남대학교출판부

목 차

제1장

유기가공식품 인증심사 및 생산과정조사

1. 인증기준 해설 및 심사요령
2. 생산과정조사 및 인증관리
3. 인증심사 진행 방법 및 보고서
4. 유기가공방법 인증심사 점검목록

1. 인증기준 해설 및 심사요령

1.1. 일반요건

1.1.1. 인증대상

인증기준			심사자료	심사사항	심사요령	첨부
시행규칙 [별표3]	고시 [별표1]	기타				
유기가공식품	인증기준에 따라 생산계획 중이거나 생산 중인 가공식품		- 유기취급계획서(OHP), 규칙 [별표 4] 경영관련 자료 등	- 서류와 현장이 유기취급계획서의 내용과 일치하는지를 담당자 및 기타 임직원과 면담 등을 통해 확인 - 현장심사는 담당자나 현장 직원에게 질의문답 및 육안 관찰로 확인	- 유기가공식품의 심사는 유기적 순수성(혼입과 오염 예방 및 방지)의 확인이다. 반면, HACCP의 심사는 식품안전에 미치는 위해요소의 예방적 관리 여부에 대한 확인이다. - 인증은 위험요소(혼입과 오염)가 전혀 없는 상태여야 함을 전제로 하지만, 대기, 물, 토양의 오염과 관련하여 그 요소를 최소화하는데 목적이 있는 것이다. - 인증심사원은 그 위험요소를 정기적이며 객관적으로 평가하는 평가자이지, 잘못을 찾아내는 수사관이 아님을 명심한다. - 그러나 인증심사원은 신청인을 과신하는 오류를 범해서는 아니 되며, 문서위조나 거짓말의 가능성도 염두에 두어야 한다.	

1.1.2. 유기취급계획

인증기준			심사자료	심사사항	심사요령	첨부
시행규칙 [별표3]	고시 [별표1]	기타				
1) 사업자는 유기식품의 취급과정에서 대기, 물, 토양의 오염이 최소화되도록 문서화된 유기취급계획을 수립하여야 한다.	(1) 보관창고 내 유기생산물과 비유기생산물의 혼합 방지를 위하여 구분관리하여야 한다.		- 유기취급계획서 작성을 위한 지침서(예: 유기관리기준서)에 명시한 각종 기록 및 문서 확인 - 규칙 [별표4] 경영관련 자료 - 자세한 서류목록은[아. 기록·문서화 및 접근보장]항의 심사자료 참조	- 심사의 필수요건: 사업자가 스스로 작성한 유기적 관리계획 자료 검토 ① 시설도면, 제조공정도, 제품명세 등이 인증신청서의 정보와 일치하는가? ② 유기취급계획이 계획대로 실행되고 있는가? ③ 종업원들이 유기취급계획에 대해 훈련을 받고 있는가? ④ 종업원들은 유기 인증기준에 대하여 종합적으로 이해하고 있는가? ⑤ 사업자(대표)는 유기 인증기준에 대하여 종합적으로 이해하고 있는가? - 3)항~5)항과 관련하여 객관적인 증빙자료가 필요 예: 교육일지(날짜 확인)의 각각에 자필서명, 유기가공관련 교육내용·담당자의 유기관련 교	- 이 사항은 유기생산과정에서의 일반원칙을 말한 것이고, 실제로 환경오염의 최소화 여부는 평가하기 애매한 추상적인 측면이 있다. - 모든 서류나 현장에서 요구되고 있는 유기인증기준에 모두가 합당한 유기취급계획서가 작성되었다면 이 기준에 적합한 것으로 볼 수 있는 것이다. - 아래 사항을 확인하는 것이 심사요령이다. ① 환경오염이 최소화되도록 유기취급계획서(OHP)에 그 내용이 포함되어 있는가? 전체과정의 예: 입고 → 검사 → 보관 → 전처리(세척, 혼합, 절단, 분할 등) → 가공(추출, 성형, 살균, 튀김 등) → 포장 → 운반 및 저장 → 출하 등 ② 신청인이 폐기물 등을 적법한 처리가 아닌 소각 등으로 대기를 오염시키거나, 적합한 방법으로 부산물을 처리하지 않아 토양 또는 수질오염을 일으키고 있는가? ③ 특히, 오염과 혼입으로부터 유기적 순수성을 지키기 위한 방안이 자체 기준서나 유기취급계획서에서 다루어져야 하며, 그 계획에 따라 전 과정이 수행될 때 유기적 순수성을 지킬 수 있는가? ④ 임직원(대표 포함)이 인증기준을 숙지하고 있	

인증기준			심사자료	심사사항	심사요령	첨부
시행규칙 [별표3]	고시 [별표1]	기타				
				육 이수 후 전달교육 여부 등	는지 확인하는 방법의 질문 내용의 예시, ○ 유기적 순수성이란 무엇인가? ○ 이 유기식품에 허용된 식품첨가물 또는 가공보조제 중 어떤 것을 사용할 수 있는가? ○ 비유기 원료가 5% 내외로 허용되는 경우는 어떤 경우인가? ○ 병해충 관리방법 중 순차적 적용이란 무엇인가? ○ 원료의 입고과정에서 기록하는 문서는 무엇인가?	

1.1.3. 유기적 순수성

인증기준			심사자료	심사사항	심사요령	첨부
시행규칙 [별표3]	고시 [별표1]	기타				
2) 사업자는 유기식품의 가공 및 유통 과정에서 원료의 유기적 순수성을 훼손하지 않아야 한다.	(2) 원료의 수송 및 저장 과정에서 유기생산물과 비유기생산물이 혼합되지 않도록 구분관리하여야 한다.		- 경영관련 자료 [별표 4] - 자세한 서류 목록은[아. 기록·문서화 및 접근보장]의 심사자료 참조	- 유기적 순수성: 취급과정에서 혼입, 오염방지 및 허용되지 않은 가공방법의 사용금지 - 혼입: 유기원료와 비유기원료의 섞음. - 오염: 유기원료가 허용되지 않는 물질과 접촉	- 사업장 특성에 따라 취급과정의 위험을 평가하고, 유기취급계획서에 반영되어 예방대책이 시행되어야 한다. - 전체 공정(입고→출고)이 유기적 순수성을 유지하기 위한 계획과 방법 등이 실행되고 있는지 확인한다. - 구분이란: 공간을 달리하거나 동일한 공간 내에서 펜스 등으로 나누어 격리함으로써 비유기로	

인증기준			심사자료	심사사항	심사요령	첨부
시행규칙 [별표3]	고시 [별표1]	기타				
					부터 유기를 보호하기 위한 것을 의미한다. - 혼입을 방지하는 방법은 원료 · 제품의 보관 중뿐만 아니라 이동 중에도 식별표시를 유지하는 것이다. - 현장에서 식별표시 이행 여부를 확인한다. 명확한 구획 설정을 위해 칸막이나, 바닥에 식별 테이프를 붙여서 관리하고, 푯말 등을 붙여서 전용공간임을 나타내었는지 확인한다.	

1.1.4. 구분 취급

인증기준			심사자료	심사사항	심사요령	첨부
시행규칙 [별표3]	고시	기타				
3) 사업자는 유기생산물과 유기생산물이 아닌 생산물을 혼합하지 않아야 하며, 접촉되지 않도록 구분하여 취급하여야 한다.			- 경영 관련 자료[별표4] - 자세한 서류 목록은[아. 기록·문서화 및 접근보장]의 심사자료 참조	- 혼합: 혼입과 같은 의미로 사용되며, 동일 비유기원료(원료 또는 제품)가 유기식품에 의도적, 비의도적으로 첨가되는 상황을 의미함. - 병행생산 시 현장과 자료 확인 - 전용 생산라인 없이 일반 가공품과 병행 가공하는 경우에는 잔류물질검사를 실시	- 원료에서 제품까지 물리적, 시간적으로 구분하고, 기록과 문서로 증명한다(구획, 구분관리, 유기표시(카드, 간판)). - 청소, 세척(CIP, COP 등) 또는 퍼지(Purge)하고, 기록과 문서로 증명, 인증심사원은 필요 시 검사를 실시할 수 있다. - 퍼지(Purge): 밀어내기의 의미이며, 유기인증품과 물, 공기 등으로 비유기 물질을 밀어내어 제거하는 작업이다. - 퍼지 개념을 신청인이 정확하게 이해하고 있는지가 중요하다. - 적정한 퍼지량은 인증심사원이 직접 결정할 수는 없다. 퍼지량은 설비의 구조와 크기를 정확히 알고 있는 사람이 결정해야	

인증기준			심사자료	심사사항	심사요령	첨부
시행규칙 [별표3]	고시	기타				
				[고시: 세부실시요령 [별표2] 다. 5.다].(2)]	한다. ○ 사례1: 대부분 구조물의 공간 속 잔량으로 판단 또는 도정과정에서 흑미 도정 후 백미를 도정할 때 몇 kg까지 흑미가 섞여 나오는지를 확인하면 그 백미의 퍼지량을 알 수 있다. ○ 사례2: 가공 구조물이 밀폐되고 가공품이 액성일 경우는 그 밀폐공간의 부피를 참고하여 퍼지량을 결정.(부피의 1/4, 1/3, 1/2, 1/1 등)	

1.1.5. 오염에 대한 조치

인증기준			심사자료	심사사항	심사요령	첨부
시행규칙[별표3]	고시	기타				
4) 사업자는 유기생산물이 오염원에 의하여 오염되지 않도록 필요한 조치를 하여야 한다.			상동	상동	- 격리: 허용되지 않은 물질과 공간적, 시간적으로 구분한다. - 소독 및 세척제 보관 장소와 원료 및 제품보관 창고와 구분한다. - 소독 및 세척하는 시간에는 제품을 생산·보관하지 않는다.	

1.2. 가공원료

1.2.1. 원료와 식품첨가물, 가공보조제

인증기준			심사자료	심사사항	심사요령	첨부
시행규칙[별표3]	고시	기타				
1) 유기가공에 사용할 수 있는 원료, 식품첨가물, 가공보조제등은 모두 유기적으로 생산된 것으로 다음 각 호의 어느 하나에 해당되어야 한다. 가. 법 제19조제2항에 따라 인증을 받은 유기식품 나. 법 제25조에 따라 동등성 인정을 받은 유기가공식품 다. 법에 따라 지정된 인증기관의 장이 자체 기준 또는 외국 기준에 따라 기준적합성을 확인한 제품으로서 농림축산식품부장관이 국내생산 부족 등으로 수급 상 필요하다고 인정하여 고시한 유기가공식품(외국에서 생산, 제조·가공된 것만 해당한다.).			- 원료, 첨가물, 가공보조제의 유기인증서 세부내역까지 확인 - 원료 입출고 및 보관관련 자료 - 원료 수입면장, 수입신고서, 인보이스 - 보조제 및 첨가물 목록과 해당 제품의 라벨 또는 상세 내역표, 품목제조 보고서 등	- 법에 따른 유기인증원료(농림산물, 축산물, 유기가공식품 등)임을 확인 - 원료로는 무농약(전환기 포함), 저농약의 원료는 사용 불가 - 국내법에 따라 지정받지 않은 인증기관이 인증한 해외인증 유기식품 원료는 사용 불가(고시된 동등성 원료는 사용 가능) - 수입 유기원료 중 고시된 기준적합성 원료의 경우 유기라는 용어는 사용이 가능하나 유기표시는 할 수 없음 - 기준적합성 원료인 경우 인증서 발행 시 부가조건에 그 내용을 표시함 - 보관 중인 원료, 반제품에도 로트와 인증표시가 필요 - 전체품목(원료, 반제품, 제품)의 로트번호 확인	- 원료의 적합성이 맞는지 점검하기 위해서는 거래명세표의 인증번호와 인증기관 명칭 등을 확인한다. - 간혹 인증서 사본이 아닌 친환경농산물정보시스템에서 인증번호를 조회한 자료를 인쇄해서 보관하고 있는 경우도 있으나, 될 수 있는 한 공급자가 제공한 인증서 사본을 확인하는 것이 더 정확하다. - 명칭은 달라도 동일 원료에서 유래된 것의 정확한 판단을 위해 심사 시 인증기관과 소통하면서 심사하고, 최종 판단은 해당 인증기관의 결정에 따른다. - 첨가물 및 가공보조제로 사용이 가능한 물질인지 [별표1 제1호다목]에서 확인한다. - 로트번호에 따라 원료부터 제품까지의 공정과정에서 작성된 각각의 자료로 추적 확인한다(필수사항).	

1.2.2. 유기비율과 상업적 조달

인증기준			심사자료	심사사항	심사요령	첨부
시행규칙[별표3]	고시[별표1]	기타				
2) (1)에도 불구하고 유기원료를 상업적으로 조달할 수 없는 경우, 제품에 인위적으로 첨가하는 물과 소금을 제외한 제품중량의 5퍼센트 비율 내에서 비유기원료를 사용할 수 있다. 다만, 중량비율에 관계없이 유기원료와 동일한 종류의 비유기원료는 혼합할 수 없다.	(1) 규칙 [별표3] 제4항나목(2)의 본문 중 '동일한 종류의 비유기원료'로 판단하는 기준은 아래 각 호와 같다. **가.** 가공되지 않은 원료에 대해서는 명칭이 같으면 동일한 종류의 원료로 판단할 수 있다. **나.** 단순 가공된 원료에 대해서는 해당 원료의 가공에 사용된 원료가 동일하면 명칭이 다르더라도 동일한 원료로 판단할 수 있다. 예를 들면, 옥수수분말과 옥수수전분, 토마토퓨레와 토마토페이스트는 동일한 원료로 볼 수 있다. 다만, 실제 사용되는 유기 원료와 비유기 원료의 동일성 여부는 인증기관의 판단에 따른다.		- 원료수불부등 - 거래증명서, 원산지증명서 - 기타(심사사항 참조)	- 유기원료를 상업적으로 조달할 수 없을 경우 - 수급에 대한 시장 조사 등 노력한 자료가 있는지 확인 ① 관련기관(제조업체, 유통업체, 농가 등) 문의 후 그에 대한 답변지, 통화내역(통화자 직책 포함)의 기록 등의 자료 ② 인터넷 검색 시 검색한 관련 자료 등	- 원칙적으로 100% 유기원료 사용. 다만, 상업적 조달을 할 수 없는 경우 5% 비유기 원료의 사용가능 조건은 ① 유기원료가 생산되지 않음. ② 유기원료가 생산되지만 충분한 양이 공급되지 않을 경우 ③ 조달은 가능하나 저장성이 없거나, 계획한 품질 수준에 미달하는 경우 ④ 목적하는 유기원료 사용 시 기존의 유기제품의 형상과 물성이 전혀 다를 경우 - 이 경우 인증심사원의 확인이 필요하며, 인증심사원은 인증심사를 완료한 후 인증심사 결과보고서에 인증기준 **예외적용 내역**을 첨부하여 인증기관의 장에게 제출하여야 한다. **(고시: 세부실시요령 [별지 제11호 서식])** - 친환경농산물 인증조회 사이트(http://www.enviagro.go.kr/) 참조	7

※ 유기원료 비율의 계산법

$$\frac{I_o}{G-WS} = \frac{I_o}{I_o + I_c + I_a} \geq 0.95$$

G : 제품(포장재, 용기 제외)의 중량 ($G \equiv I_o + I_c + I_a + WS$)
I_o : 유기원료[유기농산물+유기축산물+유기가공식품]의 중량
I_c : 비유기 원료(유기식품인증 표시가 없는 원료)의 중량
I_a : 비유기 식품첨가물(가공보조제 제외)의 중량
WS : 인위적으로 첨가한 물과 소금의 중량

1.2.3. 유기비율의 계산 고시[별표1] (5항)

인증기준		심사자료	심사사항	심사요령	첨부
고시[별표1]	기타				
(5)유기원료의 비율을 계산할 때에는 다음 각 호에 따른다. **가.** 원료별로 단위가 달라 중량과 부피가 병존하는 때에는 최종 제품의 단위로 통일하여 계산한다. **나.** 유기가공식품인증을 받은 식품첨가물은 유기원료에 포함시켜 계산한다. **다.** 계산 시 제외되는 물과 소금은 의도적으로 투입되는 것에 한하며, 가공되지 않은 원료에 원래 포함되어 있는 물과 소금은 포함한다. **라.** 농축, 희석 등 가공된 원료 또는 첨가물은 가공 이전의 상태로 환원한 중량 또는 부피로 계산한다. **마.** 비유기 원료 또는 식품첨가물이 포함된 유기가공식품을 원료로 사용하였을 때에는 해당 가공식품 중의 유기 비율만큼만 유기원료로 인정하여 계산한다.			- 유기원료 비율의 계산법 ① 유기원료의 계산은 유기가공식품의 생산에 투입된 모든 원료의 중량, 첨가물의 중량을 기초로 하여 계산. 다만, 세척, 절단 등 제품생산 전에 버려지는 비가식 부분의 중량과 포장재, 용기 등의 중량은 제외 ② 원료 및 첨가물 중량의 계측 시점은 해당 원료가 가공공정에 투입되는 시점을 기준으로 함. ③ 가공보조제 등 최종제품에 잔류하지 않는 것은 그 중량에서 제외	- 명칭은 달라도 동일원료에서 유래된 것의 판단은 해당 인증기관의 결정에 따르며, 심사 시 인증기관과 소통한다. - 유기원료의 사용원칙은 ① 원료는 유기농산물, 유기축산물, 유기가공식품, 유기수산물을 사용해야 하며, ○ 각 원료나 제품마다 유기마크가 표시된 것을 사용한다. ○ 유기수산물에는 김, 미역, 홍합 등이 있다. ○ 유기가공식품에서 유기수산물이 50% 미만일 경우에는 농림축산식품부령에 따라 인증심사를 해야 하고, 유기수산물이 50% 초과일 경우에는 해양수산부령에 따라 인증심사를 한다(**시행령 제3조**). ② 입고의 시점에서 원료의 포장, 용기, 송장의 모든 것에 ○ 유기식품의 표시가 있는 것을 원칙으로 한다. ③ 공정이나 유통의 어떤 단계에서 유기적 순수성이 훼손된 경우 ○ 유기인증 표시를 제거한 후 그 후속 조치를 하며, 그 조치 내용을 기록한다. ④ 유기원료의 경우 유기식품 마크의 확인뿐만 아니라, ○ 이동단계에서 생길 수 있는 위험성에 대해서 대처하고 관리 · 기록한다. ⑤ 국내법에 따라 지정받지 않은 외국의 유기인증(동등성 고시가 되지 않은 유기제품)을 받은 제품은 ○ 유기가공의 유기원료로 사용할 수 없다. ○ 기준적합성 유기원료는 유기인증 표시는 불가능하다.(다만, 유기라는 용어는 사용이 가능하다.) ⑥ 자가 생산한 유기원료 ○ 본인(농장, 텃밭 등)이 직접 생산하는 유기농·축산물의 경우라도 이와 관련된 유기인증을 받지 않았다면 유기원료로 사용하여서는 아니 된다.	

1.2.4. 유전자변형생물체

인증기준			심사자료	심사사항	심사요령	첨부
시행규칙[별표3]	고시[별표1]	기타				
3) 유전자변형생물체 및 유전자변형생물체 유래의 원료를 사용할 수 없다.	(2) 원료 또는 제품 및 시제품에 대한 검정결과 GMO성분이 검출되는 경우에는 인증하지 아니 한다. (4) 유기가공식품 제조 · 가공에 사용된 원료가 '유전자변형생물체 또는 유전자변형 생물체 유래의 원료' 가 아니라는 것은 해당 가공원료의 공급자로부터 받은 다음 사항이 기재된 증빙서류로 확인한다. 가) 거래당사자, 품목, 거래량, 로트번호 나) 유전자변형생물체 또는 유전자변형생물체 유래의 원료가 아니라는 사실	-[식품의약품안전처 고시 제2014-114호, 유전자변형식품등의 표시기준	- non-GMO 확인서 (필요 시)	- GMO 주요 품목과 미생물 제제를 사용하는 경우 - 공급자로부터 유전자변형미생물 유래가 아니라는 사실을 확인(증명). 예: 구분유통증명서	- GMO 주요 품목: 콩, 옥수수, 유채, 감자, 사탕수수, 미생물류 등 - 의심이 되는 경우 GMO검사증명서를 요구한다. - 구분유통증명서: 원료구입·생산·제조·보관·운반·선적 등 취급과정에서 비유기(유전자변형식품 포함) 등과 구분하여 관리하였음을 증명하는 서류로 모든 이동과 각각의 전달 과정에서 각 담당자들이 구분하여 유통하였음을 증명하는 서류로써 수입원료의 경우에는 그 분량이 상당히 많다.	

1.2.5. 물과 소금

인증기준			심사자료	심사사항	심사요령	첨부
시행규칙[별표3]	고시[별표1]	기타				
4) 물과 소금을 사용할 수 있으며, 최종 제품의 유기성분 비율 산정 시 제외한다. 다만, 「먹는물 관리법」 제5	(3) 유기가공식품에 사용하는 물은 「먹는물 관리법」 제5조에 따른 「먹는물 수질기준 및 검사 등		- 수질검사서 (상수도 시 이용 증명서) - 소금검사(자가품질검사성	- 물(가공용과 작업장 바닥 등 단순 청소도구 의 세척용 여부 확인 후 적정성 판단) 확인 - 물의 2차 오염 가능성이	- 물: 먹는 물의 기준적합 여부를 확인한다(먹는 물의 수질검사성적서 및 직수가 아닌 경우 물탱크 청소내역, 상수도의 경우 사용 영수증). - 물의 2차 오염은 물탱크와 배관의 노후상태에서 오염이 될 수 있다.	2

인증기준			심사자료	심사사항	심사요령	첨부
시행규칙[별표3]	고시[별표1]	기타				
조 및 「식품위생법」 제7조의 기준에 맞아야 한다.	에 관한 규칙」 제2조의 별표1에서 정한 수질기준에 적합하여야 한다.		적서: 「식품위생법」에 따른 표시)	있는지도 확인 - 소금종류: 천일염, 재제소금, 용융소금, 정제소금, 가공소금	- 정제수를 사용하고 있으면 해당 내용도 확인해서 심사보고서에 기록한다. - 소금: 식품의 기준에 적합하고 화학공정에 의하지 않았으며, 합성물질을 첨가하지 않은 것 (단, 화학적 공정이라도 예외는 있을 수 있음. 예: 비타민C 함유 소금)	3

1.2.6. 허용물질

인증기준			심사자료	심사사항	심사요령	첨부
시행규칙[별표3]	고시	기타				
5) 1)에도 불구하고 〔별표1〕 제1호다목의 허용물질을 식품첨가물 및 가공보조제로 사용할 수 있다. 다만, 그 사용이 불가피한 경우에 한하여 최소량을 사용하여야 한다.				- 별표1의 허용물질(식품첨가물 및 가공보조제)을 최소량으로 사용한다는 선정기준의 자료	- [별표1]의 허용물질(식품첨가물 및 가공보조제)을 최소량으로 사용하기 위해 자체 전문가들의 회의록 또는 실험 연구한 실험자료 등을 검토한다. - 추적감사와 대조감사를 실시하여 전체 공정과정(원료입고 ⇨ 가공 ⇨ 제품완료까지)에서 로트번호의 흐름을 파악하여야 추적감사와 투입산출분석이 가능하다. - 추적감사요령(3.1.보고서 양식 참조) ○ 표본을 무작위로 선정한 후 서식에 따라 필요한 자료(예: 원료수불부, 생산일지, 제품 입출고 자료 등)를 검토하면서 추적한다. 필요 시 사본을 보고서에 첨부한다.	1

1.3. 가공방법

1.3.1. 가공방법

인증기준			심사자료	심사사항	심사요령	첨부
시행규칙[별표3]	고시[별표1]	기타				
1) 기계적, 물리적, 생물학적 방법을 이용하되, 모든 원료와 최종 생산물의 유기적 순수성이 유지되도록 하여야 한다. 식품을 화학적으로 변형시키거나 반응시키는 일체의 첨가물, 보조제, 그 밖의 물질은 사용할 수 없다.	(1) 규칙 [별표3] 제4항 다목(1)에서 정한 '기계적 물리적 방법'은 절단, 분쇄, 혼합, 성형, 가열, 냉각 가압, 감압, 건조 분리(여과, 원심분리, 압착, 증류), 절임, 훈연 등을 말하며, '생물학적 방법'은 발효, 숙성 등을 말한다.		- 품목제조 보고서 - 품목별 제조공정도 - 공장 시설지도 - 제조설비도	- 업체의 제조공정도에 따른 가공방법 및 각각의 과정을 체크하면서 화학적 처리나 공정이 없는지 확인	- 제조공정도에 따른 현장을 확인하고, 품목제조보고서상 가공방법과 비교하여 다른 점이 있는가를 본다. - 각각의 공정에 따른 가공방법을 확인한다(육안 관찰 및 문답). 예) 장류의 경우: 자연발효 공정이 아닌 강산에 의한 산 분해된 간장 등 - 참고 ○ 품목제조보고서는 허가가 아닌 신고의 법적 절차이다. ○ 품목제조보고 신고는 관할 시 · 군구 위생계, 보건소 등에서 관리한다. ○ 품목제조보고 신고의 기한은 생산일로부터 1주일 이내 품목제조보고 신고하도록 되어 있다. - 심사 시에 반드시 품목제조보고서가 있어야 되는 조건은 아니지만, 제품생산 후 7일 이내 신고하도록 「식품위생법」에 명시되어 있으므로 확인이 필요한 사항이다.	

1.3.2. 전리방사선

인증기준			심사자료	심사사항	심사요령	첨부
시행규칙 [별표3]	고시[별표1]	기타				
2) 유기식품의 가공 및 취급과정에서 전리방사선을 사용할 수 없다.	(2) 규칙 [별표3] 제4항다목 (2)에서 정한 '전리방사선'은 살균, 살충, 발아억제, 성숙의 지연, 선도 유지, 식품 물성의 개선 등을 목적으로 사용되는 방사선을 말하며, 이물탐지용 방사선(X선)은 제외한다.		- 생산일지 - 시설물 관리대장	- 서류 및 현장 확인(전리방사선 사용 여부) - 사용 시 어떤 목적으로 사용하였는지의 적정성 검토	- 국내에 전리방사선의 사용이 의심되는 제품과 목적이 무엇인지를 확인한다. ○ 감자, 양파, 마늘, 밤 등에 발아억제 및 선도유지를 위해 사용이 가능하다. ○ 건조 향신료, 소스류 등 살충 · 살균을 위해 사용이 가능하다. - 위의 품목은 필요 시 원료공급자에게 전리방사선처리에 대한 사용 여부 확인서를 요구한다. (방사선조사를 한 원료는 반드시 포장재에 방사선조사 표시 처리를 하도록 「식품위생법」에 규정되어 있음.) 또한, 포장재에 방사선조사 표시마크의 유무를 확인한다. - 다만, 제품의 이물질 제거를 목적으로 설치한 금속검출기 등은 허용한다.	6

1.3.3. 추출

인증기준			심사자료	심사사항	심사요령	첨부
시행규칙[별표3]	고시	기타				
3) 추출을 위하여 물, 에탄올, 식물성 및 동물성 유지, 식초, 이산화탄소, 질소를 사용할 수 있다.			- 사용 시 관련자료	- 서류 및 현장 확인. - 추출공정을 확인하고, 추출의 방법과 사용물질의 적정성 검토.	- 용매의 원료나 가공공정에 따라서 유기가공에 사용이 불가능한 경우가 있다. ○ 예: 유전자변형 옥수수로 제조된 알코올은 추출을 위한 원료로 사용이 불가능하다.	

1.3.4. 여과

인증기준			심사자료	심사사항	심사요령	첨부
시행규칙[별표3]	고시	기타				
4) 여과를 위하여 석면을 포함하여 식품 및 환경에 부정적 영향을 미칠 수 있는 물질이나 기술을 사용할 수 없다.			- 여과에 사용한 자재의 적합성 확인 자료(검사서)	- 서류 및 현장 확인 - 여과공정을 확인하고, 여과 방법, 여과를 위해 사용한 물질에 대한 적정성 검토 - 검사자료(여과에 사용한 물질) 등으로 확인	- 여과자재는 식품에 위해하지 않다는 시험성적서로 확인이 가능하다. (일반적으로 스테인리스로 만들어진 여과망은 제외하고 있음.) - 다만, 가공처리하지 않은 천연재료(100% 면이나 펄프 등)는 여과자재로서 사용이 가능하다. 천연물질의 확인방법은 불에 태워서 확인한다. (재가 거의 남지 않고 냄새가 나지 않음.)	

1.3.5. 저장

인증기준			심사자료	심사사항	심사요령	첨부
시행규칙[별표3]	고시	기타				
5) 저장을 위하여 공기, 온도, 습도 등 환경을 조절할 수 있으며, 건조하여 저장할 수 있다.			- 시설물 관리대장(냉동, 냉장, 일반, 위탁한 창고 등)	- 서류 및 현장 확인 - 저장창고(냉동, 냉장, 일반, 위탁한 창고 등)를 확인하고, 오염과 혼입방지를 위해 비유기식품과 구획·구분을 하였는지 관리방법을 확인	- 저장을 위한 시설(창고 등) 환경이 원료 및 제품 등의 보관에 적정한지를 확인한다. - 위탁보관 장소도 심사의 대상이다. - 저장장소를 위탁해서 사용하는 경우 반드시 현장을 확인하며, 실제 창고를 소유 관리하는 주체와 위탁저장 계약서를 체결하였는지 확인한다. - 또한, 농산물 저장창고의 경우 훈증 소독 등을 실시하였거나 할 수 있는지 등 오염우려가 없는지를 확인한다.	

1.4. 해충 및 병원균 관리

1.4.1. 해충 및 병원균 관리를 위한 기준

인증기준			심사자료	심사사항	심사요령	첨부
시행규칙[별표3]	고시	기타				
1) 해충 및 병원균 관리를 위하여 [별표1] 제1호가목2)에서 정한 물질을 제외한 화학적인 방법이나 방사선 조사 방법을 사용할 수 없다.			- 가공장 방역자료 - 방충방서 점검일지 1) 방역에 사용자재별 물질목록과 MSDS 등의 자료	- 서류 및 현장 확인 - 방역자료에 허용되지 않은 화학적 방법이나 방사선 조사한 자료가 있는지 확인	- 방사선은 살균, 살충, 발아억제, 성숙의 지연, 선도의 유지, 식품특성의 개선 등을 목적으로 사용되는 방사선을 의미한다. - 화학적인 방법으로 훈증제 처리, 연막소독, 살균소독 시 허용된 물질인지를 확인한다.	

1.4.2. 예방적 방법, 기계적·물리적·생물학적 방법

인증기준			심사자료	심사사항	심사요령	첨부
시행규칙[별표3]	고시[별표1]	기타				
2) 해충 및 병원균을 없애기 위하여 예방적 방법, 기계적·물리적·생물학적 방법을 우선 사용하여야 한다. 다만, 불가피한 경우에는 [별표1] 제1호가목2)에서 정한 물질을 사용할 수 있다.	1) 규칙 [별표3] 제4호라목2)에서 정한 해충 및 병원균을 없애기 위한 '예방적 방법'은 서식처 제거, 접근 경로의 차단, 천적의 활용 등을 말하며, 기계적·물리적·생물학적 방법'은 물리적 장벽, 음파, 초음파, 빛, 자외선, 덫, 온도관리, 성호르몬 처리 등을 활용하는 것을 말한다.		- 방역지도(공장 내 트랩, 쥐먹이통 설치지도) - 방역업체와의 계약서(방역업체 위탁 시)	- 서류 및 현장 확인 - 순차적 적용이 이루어지고 있는지 확인 - 예방적 방법을 사용하지 않고 물리적, 생물학적 방제만 의존하는 것도 기준위반	- 순차적으로 적용했는지의 여부를 확인한다. - 모니터링 자료를 확인한다. - 방역도구(기구)를 확인한다. - 작업장에서 허용된 액제, 훈증제 등을 사용하여 해충이나 설치류 등의 구충·구서할 경우 위생수칙에 따라 실시 여부(기록 관리)를 확인한다.	

1.4.3. 해충 및 병원균 관리 시 허용되지 않은 물질로부터의 보호

인증기준			심사자료	심사사항	심사요령	첨부
시행규칙[별표3]	고시	기타				
3) 해충과 병원균 관리를 위해 장비 및 시설에 허용되지 않은 물질을 사용하지 않아야 한다. 허용되지 않은 물질이나 금지된 방법으로부터 유기식품을 보호하기 위해 격리 등의 충분한 예방조치를 하여야 한다.			상동	- 서류 및 현장 확인 - 허용되지 않은 물질이 사용되었는지의 여부를 확인 - 비허용물질일 경우 충분한 예방조치가 취해졌는지에 대한 기록과 현장을 확인 - 방역업체와 위탁 시 계약서에 유기적 관리를 한다는 사항 및 방역 처리한 자료 등을 확인	- 제조공정과 식품의 안전성에 영향을 주지 않는 제한된 장소에서만 실시하였는지를 확인한다. - 식품이나 내포장재 설비와 도구의 식품접촉면 등을 오염시킬 우려가 없도록 비닐커버 등으로 보호한 후 오염물질의 제거 여부를 확인한다. - 작업종료 후에는 식품취급시설 또는 식품에 직·간접적으로 접촉하는 부분의 세척 등을 통하여 오염물질의 제거 여부 및 기준서 및 기록 여부 등을 확인한다.	

1.5. 세척 및 소독

1.5.1. 사용된 물질의 함유

인증기준			심사자료	심사사항	심사요령	첨부
시행규칙[별표3]	고시	기타				
1) 유기가공식품은 시설이나 설비 또는 원료의 세척, 살균, 소독에 사용된 물질을 함유하지 않아야 한다.			- 청소 및 세척 자료(세척일지, 시설물 위생관리점검표 등)	- 세척기준에 맞는 ○ 필요한 예방 조치를 하며, ○ 세척제와 소독제의 사용을 가급적 최소화하는 방안을 수립하여 이행하는지 확인	- 세척, 살균, 소독한 물질을 사용 전·후 처리방법에 대한기준(예: 세척에 대한 기준서 / 잔류여부에 대한 pH페이퍼 등)을 확인한다.	

1.5.2. 보호를 위한 조치

인증기준			심사자료	심사사항	심사요령	첨부
시행규칙[별표3]	고시	기타				
2) 사업자는 유기가공식품을 유기재배, 제조·가공 또는 취급에 사용할 수 있도록 허용되지 않은 물질이나 해충, 병원균, 그 밖의 이물질로부터 보호하기 위하여 필요한 예방 조치를 하여야 한다.		-「식품위생법 시행규칙」 제5조(제1099호) 기구 등의 살균소독제	1) 설비 및 작업장 세척 소독에 사용된 모든 물질목록과 각물질의 MSDS	- 사용한 자제가 허용기준에 적합한 것인지 확인 - 허용되지 않은 물질이 사용되었는지의 여부를 확인 - 비 허용물질일 경우 필요한 예방조치가 취해졌는지에 대한 기록과 현장을 확인	- 시설과 장비, 가공공정 또는 원료의 특성에 따라, ○ 먹는 물과 허용된 물질로 세척한다. ○ 또는, 소독의 효과를 얻을 수 없는 경우에는 그 이외의 물질을 세척제 또는 소독제로 사용할 수 있으나, 해당 물질이 유기식품과 접촉하지 않도록 조치하여야 하며, 접촉하지 않았다는 사실 또는 시설과 장비에 해당 물질이 잔류하지 않는다는 사실을 증명하기 위하여 검사기록, 관리자료 확인한다. - 퍼지(purge) 실시 및 퍼지처리에 사용된 물질의 처리 기록 확인한다.	4

1.5.3. 세척과 소독 시 물과 허용물질의 사용조건

인증기준			심사자료	심사사항	심사요령	첨부
시행규칙[별표3]	고시	기타				
3)「먹는물 관리법」 제5조의 기준에 적합한 먹는 물과 [별표1]제1호다목에서 허용하는 식품첨가물 또는 가공보조제를 식품 표면이나 식품과 직접 접촉하는 표면의 세척제 및 소독제로 사용할 수 있다.			2) CIP에 사용되는 모든 물질목록, MSDS 3) 각종 청소 및 세척일지	- 물(원료용과 세척용 확인 후 적정성 판단) - 물의 2차 오염의 여부가 있을 수 있는지를 확인 - 물: 먹는물 기준 적합(수질검사 성적서, 상수도의 경우 사용 영수증)	- 먹는 물을 식품표면의 세척제 및 소독제로 사용할 수 있으나, 수질분석을 하여 먹는 물 기준의 적합성을 확인한다.(일반적으로 연 1회 이상) - 물의 2차 오염은 물탱크와 배관의 노후상태에서 오염이 될 수 있다. - 물질목록에 허용된 가공보조제를 식품표면의 세척제 및 소독제로 사용할 수 있으므로 회사 실정에 맞는 가공보조제를 사용하는지 확인한다. - 계면활성제는 허용자재가 아니다.	4 5

1.5.4. 세척과 소독 시의 유기적 순수성 유지

인증기준			심사자료	심사사항	심사요령	첨부
시행규칙[별표3]	고시	기타				
4) 세척제 · 소독제를 시설 및 장비에 사용하는 경우 유기식품의 유기적 순수성이 훼손되지 않도록 조치하여야 한다.			- 세척제 · 소독제 관리대장 - 위생관리(시설, 장비) 점검표	- 사용한 물질이 오염 등 유기적 순수성이 훼손될 수 있는 자재 인지를 확인 - 세척, 소독 후 해당물질이 잔류하지 않고 있음을 실험적인 결과로 증명/기록/관리사항 점검	- 사용하는 유독성물질에 대하여 용도, 성분, 효율성, 안전성 등을 고려하여 목적에 적합한 것의 구입 및 관련 증빙서류를 받아 비치 · 관리하고 있는지를 확인한다. - 세척, 소독제의 성분, 사용방법, 잔류 여부의 확인 기록 등에 대한 자료를 확인한다.	

1.6. 포장

1.6.1. 유기가공식품의 보호와 환경

인증기준			심사자료	심사사항	심사요령	첨부
시행규칙[별표3]	고시	기타				
1) 포장재와 포장방법은 유기가공식품을 충분히 보호하면서 환경에 미치는 나쁜 영향을 최소화도록 선정하여야 한다.			- 표시사항 및 포장방법의 관련 자료 - 포장재 검사성적서 - 제품의 라벨 등	- 표시사항 및 포장방법, 포장재 시험성적서 등의 관련 자료의 적정성 여부를 확인	- 유기가공식품을 충분히 보호할 수 있는 재질인지를 확인한다. - 포장재의 폐기는 환경오염, 자원낭비 등의 문제를 일으키므로 환경 친화적인 포장재(예: 과대포장이거나, 재사용을 하였거나, 재활용이 가능한 포장재)를 사용하였는지를 확인한다.	

1.6.2. 오염

인증기준			심사자료	심사사항	심사요령	첨부
시행규칙[별표3]	고시	기타				
2) 포장재는 유기가공식품을 오염시키지 않는 것이어야 한다.			- 포장재 관리대장 (예: 포장재 발주/입고 내역)	- 생물분해성, 재생품 또는 재활용 가능한 포장재인지 확인	- 유기가공식품 포장재의 경우 환경 친화적이며 동시에 유기식품을 오염시키지 않는 포장재(예: 생분해성 재질)인지를 확인한다.	

1.6.3. 합성살균제, 보존제, 훈증제

인증기준			심사자료	심사사항	심사요령	첨부
시행규칙[별표3]	고시	기타				
3) 합성살균제, 보존제, 훈증제 등을 함유하는 포장재, 용기 및 저장고는 사용할 수 없다.			상동		- 합성살균제와 보존제, 훈증제 등을 포함하는 포장재 · 용기 및 저장고는 사용할 수 없으므로 인증심사원은 포장재의 규격을 확인하고, 사용하고자 하는 자재와 저장고의 적절한 관리를 하고 있는지 여부를 기록과 현장을 통해서 확인한다.	

1.6.4. 유기적 순수성 유지

인증기준			심사자료	심사사항	심사요령	첨부
시행규칙[별표3]	고시[별표1]	기타				
4) 유기가공식품의 유기적 순수성을 훼손할 수 있는 물질 등과 접촉한 재활용된 포장재나 그 밖의 용기는 사용할 수 없다.	(1) 유기가공식품 인증을 받은 날로부터 1년 이내에 생산하거나 재포장한 후 인증표시를 하여 출하된 인증품은 해당 식품의 유통기한까지 그 인증표시를 유지할 수 있다.		상동	- 포장재가 오염 등 유기적 순수성이 훼손될 수 있는 자재인지 확인(포장재 현물, 시험성적서 등) - 고시 [별표1]의 사항: 업체가 계속 인증을 갱신하지 않을 경우, 인증유효기간 만료일 전에 생산한 제품은 유통기한까지 인증표시를 할 수 있다는 해석	- 미리 계획을 세워 사용목적에 맞게 구분 관리를 하는 등 각각의 사용방법에 따라 유기적 순수성을 훼손할 수 있는 모든 물질과 접촉되지 않도록 관리했는지 여부를 기록과 현장을 통해서 확인한다.	

1.7. 유기원료 및 유기가공식품의 수송 및 운반

1.7.1. 수송과 운반 시 환경에 미치는 영향

인증기준			심사자료	심사사항	심사요령	첨부
시행규칙[별표3]	고시	기타				
1) 사업자는 환경에 미치는 나쁜 영향이 최소화되도록 원료나 가공식품의 수송방법을 선택하여야 하며, 수송과정에서 유기식품의 순수성이 훼손되지 않도록 필요한 조치를 하여야 한다.			- 유기취급계획서 중 구분관리계획 - 보관창고 관리대장 - 차량관리대장	- 시설 위생 점검기록물 확인과 함께 실제 생산물의 저장장소가 청결한 상태인지 점검 - 운송수단의 위생점검 기록물 확인과 함께 수송수단이 청결한 상태인지 점검	- 수송 이동거리의 최적화 방안 여부를 확인한다. ① 수송에 관한 이동거리를 최적화하는 방법을 적용하고 있는지 ② 즉, 원료구입 시 제품에 문제점이 없는 한 인근지역에서 구입하고 있는지 - 수송 중 혼입 또는 오염방지(내용물보호)를 위한 수송방법 여부를 확인한다.	

1.7.2. 수송 장비 및 운반용기의 세척, 소독

인증기준			심사자료	심사사항	심사요령	첨부
시행규칙[별표3]	고시	기타				
2) 수송장비 및 운반용기의 세척, 소독을 위하여 허용되지 않은 물질을 사용할 수 없다.			- 세척일지(위생점검일지 등)	- 수송장비에 대한 청결(관리) 방법 확인 - 일반농산물과 구분저장 및 구분수송 관리계획이 이행되고 있는지 확인	- 작업장, 보관실(저장실), 수송차량에 대한 세척 또는 소독방법과 그 사용자재의 적절성을 확인하며, 인증품에 잠재적 오염이 되지 않도록 사전 조치하였는지를 확인한다. - 저장(보관)실, 수송수단이 외부 오염물질 유입을 차단할 수 있는지와 에어커튼 · 차단막 등의 보조 보호설비가 갖추어져 있는지를 확인한다.	

1.7.3. 수송 또는 운반과정에서의 구분관리

인증기준			심사자료	심사사항	심사요령	첨부
시행규칙[별표3]	고시	기타				
3) 수송 또는 운반과정에서 유기가공식품이 유기가공식품이 아닌 물질이나 허용되지 않은 물질과 접촉 또는 혼합되지 않도록 확실하게 구분하여 취급하여야 한다.				- 유기원료, 반제품, 완제품을 수송할 때나, 유기제품과 비유기제품, 기타 금지물질과 부득이 하게 함께 적재를 하는 경우에는 칸막이 또는 랩으로의 재포장을 하는 등 확실하게 구분관리(적재) 여부 확인	- 저장장소 및 수송 시 사용하고 있는 자재를 검토, 사용자재가 유기인증기준에 적합한지를 확인한다. - 저장장소 및 수송시설에 병해충 관리목적으로 금지물질을 처리하는지 여부와 금지물질로부터의 오염 방지를 위한 대책이 있는지를 확인한다. - 벌크상태로 유기인증제품을 저장 또는 수송할 경우, 일반제품과 구분할 수 있도록 물리적 장벽(칸막이 등)과 같은 적절한 조치 또는 오염방지를 위한 조치를 하였는지 확인한다. - 유기식품(원료포함)이 벌크(Bulk)로 저장, 수송되는 경우 유기표시를 하는지 확인한다.	

1.8. 기록 · 문서화 및 접근보장

1.8.1. 경영 관련 자료와 열람 요구

인증기준			심사자료	심사사항	심사요령	첨부
시행규칙[별표3]	고시	기타				
1) [별표4] 제2호에 따른 경영 관련 자료를 기록·보관하고, 국립농산물품질관리원장 또는 인증기관의장이 열람을 요구하는 때에는 이에 응할 수 있어야 한다.			규칙 [별표4] 경영 관련 자료 - 유기취급계획서작성을 위한 지침서인 유기관리기준서에 명시한 각 서류 및 문서 확인	- 규칙 [별표4]경영 관련 자료의 기록 여부 - 업체 운영을 위한 지침서(유기관리기준서)의 확인	- 지침서(유기관리기준서 또는 내부규정 등)의 적합성을 검토한다. - 최근 3개월 이상의 자료가 제출되었는지 기록기간을 확인한다. - 최초 인증 시에는 유기생산 3개월의 자료가 없는 경우가 많다. 이 경우는 비유기생산 자료로 확인한다. - 경영관련 자료(전산 또는 수기로 기록한 대장)를 제출받아 지속적으로 기록 / 보관여부를 확인한다. - 전산관리시스템일 경우 입 · 출고의 관리방법을 확인한다.	

1.8.2. 유기관리 체계를 위한 문서화

인증기준			심사자료	심사사항	심사요령	첨부
시행규칙[별표3]	고시	기타				
2) 사업자는 제조·가공 및 취급의 전반에 걸쳐 유기적 순수성을 유지할 수 있는 관리체계를 구축하기 위하여 필요한 만큼 문서화된 계획을 수립하여 실행하여야 하며, 문서화된 계획은 인증기관의 장의 승인을 받아야 한다.			- 품목제조보고서 사본 - 제품규격(기준, 소개)서 - 원료인증서, 식품첨가물, 가공보조제 명세서(구체적) - 유기원료 반입~제품 출고, 생산일지(로트 확인 가능) - 수질성적서(상수도의 경우 수도세 납부 영수증 사본) - non-GMO검사서(필요 시)	- 지침서(유기관리기준서 또는 내부규정 등)의 내용이 취급과정 전반에 걸쳐 유기적 순수성이 이루어질 수 있는지 검토(환경에 대한 마인드, 관리체계 문서화의 적정성과 실행 여부=유기취급계획서와 그 이행 여부) - 그 계획에 대한 인증기관의 승인 또는 준수하는지 여부 확인	- 기록한 자료의 내용과 제출한 자료(영수증, 거래내역 등 포함)가 적정한지를 확인한다. - 일반농산물의 취급량 및 출하처별 판매량 등의 자료로 일반농산물이 유기인증품과 구분 관리되고 있는지를 확인한다. - 원료수불대장 및 기타 관련 증빙자료를 바탕으로 유기취급계획량이 적정한지를 확인한다.	

1.8.3. 기록의 작성과 보존

인증기준			심사자료	심사사항	심사요령	첨부
시행규칙[별표3]	고시	기타				
3) 사업자는 유기가공식품의 제조·가공 및 취급에 필요한 모든 유기원료, 식품첨가물, 가공보조제, 세척제, 그 밖의 사용 물질의 구매, 입고, 출고, 사용에 관한 기록을 작성하고 보존하여야 한다.			아래 1.8.4.의 심사 자료와 동일	- 유기원료, 식품첨가물, 가공보조제, 세척제, 그 밖의 사용 물질의 구매, 입고, 출고, 사용에 관한 기록을 작성한 후 보존하고 있는지 확인	- 입·출고기록장 및 작업일지 등을 통해 입고량과 출하량을 대조 확인하여 재고량을 확인(현재고량=입고량-출하량-폐기량)하고, 현장심사 시 서류상 재고와 실재고량이 일치하는지를 확인한다. - 심사 과정에서는 대부분 등식이 정확히 일치하지 않는다. 이는 손실과 선별, 비 가식부위 제거, 수분증발 등 때문이다. 등식이 일치하지 않을 때는 정밀하게 확인한 결과와 업체의 설명 등을 종합적으로 검토한 후 판단한다.	

1.8.4. 유기적 관리지침의 문서화와 실행

인증기준			심사자료	심사사항	심사요령	첨부
시행규칙[별표3]	고시	기타				
4) 사업자는 제조·가공, 포장, 보관·저장, 운반·수송, 판매, 그 밖에 취급에 관한 유기적 관리지침을 문서화하여 실행하여야 한다.			- 원료(유기 외 비유기, 첨가물, 보조제 등) 증빙자료(인증서, 거래증명, 수입관련 서류 등) - 품목제조보고서, 제조공정도, 생산일지 등 - 시설도면(시설물 및 설비 배치도, 저장장소 적치도 등) - 방역관련 자료(방역내역서, 방역업체 계약서, 방역지도 등) - 세척, 소독제품 명세서, 청소, 세척, 소독일지, MSDS 등 - 포장재시험성적서 등 각종 검사자료(물, 소금, 자체검사 등) - 제품 출고자료, 차량관리대장, 각종 보관창고 관리대장 등 - 유기관리기준서, ISO, HACCP 인증서 및 기준서 등 - 포장방법, 표시사항, 홍보, 판촉시안 등 - 사업자 등록증, 영업신고증, 공장등록증, 오폐수 관련 신고증 등 - 회사소개 자료, 조직도(유기담당자 및 부서 표시) - 임직원 교육 자료(유기 관련) - 기타	- 제조·가공, 포장, 보관·저장, 운반·수송, 판매, 그 밖에 취급에 관한 유기적 관리지침을 문서화하여 실행하였는지의 여부 확인	- 문서화된 자료의 종류가 무엇인지 확인하고, 그 문서에 따라 실행이 되고 있는지 여부를 확인한다.	

1.8.5. 현장접근 보장

인증기준			심사자료	심사사항	심사요령	첨부
시행규칙[별표3]	고시	기타				
5) 사업자는 인증심사 및 사후관리를 위해 필요한 경우 유기식품의 제조·가공에서부터 취급에 이르는 전 과정에 관한 모든 기록 및 관련 현장에 접근 할 수 있도록 조건 없이 보장하여야 한다.			상동	- 지침서(유기관리기준서 또는 내부규정 등)의 내용에 '사업자는 인증심사 및 사후관리를 위해 필요한 경우 유기식품의 제조·가공에서부터 취급에 이르는 전 과정에 관한 모든 기록 및 관련 현장에 접근할 수 있도록 조건 없이 보장하여야 한다.'는 조항의 유무 확인	- 인증심사 전 일정 협의 시 '사업자는 인증심사 및 사후관리를 위해 필요한 경우에는 유기식품의 제조·가공에서부터 취급에 이르는 전 과정에 관한 모든 기록 및 관련 현장에 접근할 수 있도록 조건 없이 보장하여야 한다.' 라는 내용을 고지한다. - '대외비' 란 이유로 문서열람을 기피하는 경우 이 항목에 대하여 "아니오"로 평가한다.	

2. 생산과정조사 및 인증관리

2.1. 생산과정조사

2.1.1. 조사의무

<table>
<tr><th colspan="3">조사기준</th><th rowspan="2">조사자료</th><th rowspan="2">조사사항</th><th rowspan="2">조사요령</th><th colspan="2">인증관리</th><th rowspan="2">비고</th><th rowspan="2">첨부</th></tr>
<tr><th>시행규칙 제36조</th><th>고시[별표5]</th><th>기타</th><th>정보시스템 입력사항</th><th>조치 사항</th></tr>
<tr><td>제36조(인증품 및 인증사업자에 대한 사후관리)
① 법 제31조제1항에 따라 국립농산물품질관리원장이 실시하는 인증품 및 인증사업자에 대한 조사의 종류는 정기조사, 수시조사, 특별조사가 있다.</td><td>사무소장 또는 인증기관의 장은 인증서 교부 이후 인증을 받은 자의 농장소재지 또는 작업장 소재지를 방문하여 생산과정조사를 실시하여야 한다.</td><td></td><td>- 인증품 취급 계획서
- 취급 경영 관련 자료 등
- 인증품 금지 물질 검사</td><td>- 작업장 소재지 방문 조사 실시</td><td>- 인증유효기간 내 작업장 소재지를 방문하여 인증품 및 인증사업자에 대해 취급 과정이 인증기준에 맞는지에 대한 서류조사 및 현장조사를 실시한다.</td><td></td><td></td><td></td><td></td></tr>
</table>

2.1.2. 조사주기 및 시기

<table>
<tr><th colspan="3">조사기준</th><th rowspan="2">조사자료</th><th rowspan="2">조사사항</th><th rowspan="2">조사요령</th><th colspan="2">인증관리</th><th rowspan="2">비고</th><th rowspan="2">첨부</th></tr>
<tr><th>시행규칙 제36조</th><th>고시[별표5]</th><th>기타</th><th>정보시스템 입력사항</th><th>조치 사항</th></tr>
<tr><td>1. 인증품 판매장 또는 인증사업자의 사업장 중 일부를 선정하여 실시하는 정기조사
2. 특정업체의 위반</td><td>- 조사주기는 해당 인증 건의 과거 위반내역 등에 따라 다음 각 호의 기준을 적용한다.
1) 인증건별 연 1회 이상 생산과정 조사를 실시한다.
2) 1)에도 불구하고 해당 인증 건이 최</td><td></td><td></td><td>- 연1회 이상 조사
- 연2회 이상 조사</td><td>- 인증유효기간 내 연 1회 이상 현장조사를 실시한다.
- 다만, 다음의 경우에는 연 2회 이상 실시한다.
① 해당 인증 건이 최근 3년 이내에 행정처분을 받은 경우
② 생산물에서 유해잔류물질이 검출된 경우</td><td></td><td></td><td></td><td></td></tr>
</table>

조사기준			조사자료	조사사항	조사요령	인증관리		비고	첨부
시행규칙 제36조	고시[별표5]	기타				정보시스템 입력사항	조치사항		
사실에 대한 신고가 접수되어 실시하는 수시조사 3. 국립농산물품질관리원장이 필요하다고 인정하는 경우에 실시하는 특별조사	근 3년 이내에 행정처분을 받았거나 생산물에서 유해잔류물질이 검출된 경우에는 연 2회 이상 실시한다. 다만, 규칙 제 33조 제4항에 따라 불시심사를 한 경우에는 생산과정 조사를 한 것으로 간주 한다. 3) 농관원장의 특별조사 계획이 있는 경우에는 조사주기와 상관없이 생산과정 조사를 실시한다. - 조사시기는 생산기간 중에 실시하되, 가급적 인증기준 위반의 우려가 가장 높은 시기에 실시한다.			- 불시조사 - 특별조사	- 불시조사는 다음의 경우에 실시하고, 그 결과를 기록·관리한다(규칙 제33조제4항). ① 해당 인증 건이 인증기준 위반을 이유로 신고·진정·제보된 인증사업자 ② 최근 6개월 이내에 행정처분을 받은 적이 있는 인증사업자 - 농관원장의 특별조사 계획이 있는 경우에는 조사주기와 상관없이 실시한다. - 조사 결과는 인증관리 정보시스템에 기록하되, 필요시에는 생산과정 조사 관리대장을 만들어 조사실적을 기록·관리한다.				

2.2. 조사내용

2.2.1. 경영관련 자료, 인증기준 준수사항, 이행계획서

조사기준			조사자료	조사사항	조사요령	인증관리		비고	첨부
시행규칙 제36조	고시[별표5]	기타				정보시스템 입력사항	조치사항		
② 제1항에 따른 조사사항은 다음 각 호와 같다. 1. 인증품이 인증기준에 적합한지를 확인하	1) 경영관련 자료를 기록하고 있는지를 확인한다.		- 경영관련 자료 - 유기취급(이행)계획서 작	- 경영관련 자료의 기록 확인 - 경영관련 자	- 서류 · 현장심사, 유기취급 계획서의 내용 일치 여부를 확	- 생산관련 자료	[인증취소] 시행규칙 [별표8] 인증취소 등 행정처분의 기준 및 절차 2.다.1) 공통기준		

조사기준			조사자료	조사사항	조사요령	인증관리		비고	첨부
시행규칙 제36조	고시[별표5]	기타				정보시스템 입력사항	조치사항		
기 위한 잔류물질 검정조사 2. 인증품의 생산, 제조·가공 또는 취급 과정이 인증기준에 맞는지에 대한 서류조사 및 현장조사	5) 항목별 인증기준의 준수 여부를 확인한다. 6) 인증심사 시 제출한 이행계획서의 실행 여부를 확인한다.		성을 위한 지침서(예: 유기관리기준서)에 명시한 각종 기록 및 문서 확인	료의 적정성 검토 - 인증심사 시 제출한 이행계획서의 실행 여부 확인	인한다. - 현장심사는 담당자나 현장직원에게 질의를 하면서 서류와 문답으로 확인한다.		가) 경영관련 자료를 기록·보관하지 않은 경우 또는 거짓으로 기록하는 경우 나) 경영관련 자료를 국립농산물품질관리원장 또는 인증기관장이 요구하는 때에 이를 제공하지 않은 경우		

2.2.2. 인증품 출하내역

조사기준			조사자료	조사사항	조사요령	인증관리		비고	첨부
시행규칙	고시 [별표5]	기타				정보시스템 입력사항	조치사항		
	2) 인증품의 출하내역을 확인한다.		- 출하내역(거래증명서, 제품 수불부, 판매기록부 등)	- 인증품의 출하내역 확인	- 완제품 기초재고량 + 원료구입량 - 폐기량 = 원료사용량 + 완제품 기말재고량 - 폐기량의 등가 공식이 성립하는지를 확인한다. - 폐기량은 생산 실패, 비정상품 판매 등을 고려한다. - 유기인증품 출하내역과 거래명세서 발급내역이 일치하는지를 확인한다.	- 생산관련 자료	다) 인증품에 인증품이 아닌 제품을 혼합하거나 인증품이 아닌 제품을 인증품으로 판매하는 경우 [해당 제품의 판매 금지] 시행규칙 [별표8] 인증취소 등 행정처분의 기준 및 절차 2. 차. 인증품이 아닌 제품을 인증품으로 표시 또는 고위로 한 것으로 인정되는 때		

2.2.3. 인증품의 표기사항

조사기준			조사자료	조사사항	조사요령	인증관리		비고	첨부
시행규칙	고시[별표5]	기타				정보시스템 입력사항	조치사항		
[별표5] 유기식품등의 유기표준기준, [별표6] 유기식품등의 인증정보 표시방법	3)인증품의 표시사항이 적정한지 여부를 확인한다. [별표4] 인증품의 세부적인 사항등(제12조제1항 관련)		- 인증표시 - 제품라벨	- 인증표시가 시행규칙 [별표5]에서 정한 규정에 맞게 제작하여 표기하였는지 확인 - 인증정보 표시사항이 인증품을 생산 포장한 사업자(인증자)의 인증정보와 일치하는지 여부 확인	- 인증품 또는 인증품의 포장 · 용기에 표시하는 방법 가. 생산, 제조 · 가공자의 표시를 참고하여 제품의 라벨, 포장지에 인증표시와 인증표시 문자, 인증표시사항이 인증서의 내용과 일치하게 표시되어 있는지를 확인한다.	- 표시사항 적정성 여부	- [해당 인증품의 인증표시의 변경] 시행규칙 [별표8] 인증취소 등 행정처분의 기준 및 절차 2. 아. 법 제23조 제1항에 따른 인증품의 표시사항 등을 위반하였을 때 - 인증품이 아닌 제품을 인증품으로 표시 또는 광고한 것으로 확인될 때는 해당 제품의 판매 금지		

2.2.4. 금지물질

조사기준			조사자료	조사사항	조사요령	인증관리		비고	첨부
시행규칙	고시 [별표5]	기타				조사 결과 정보시스템 입력사항	조치사항		
	4) 금지물질의 구입, 보관 및 사용여부를 확인한다.		현장 조사	- 금지물질의 구입, 보관 및 사용 여부	- 다음의 경우 검사를 실시하여야 한다. 1) 최근 1년 이내에 생산물에서 금지물질이 검출된 경우 2) 비 허용물질을 사용한 흔적의	- 시료수거 내역	- [인증취소] 시행규칙 [별표8] 인증취소 등 행정처분의 기준 및 절차 2. 나. 부정한 방법으로 인증을 받은 경우 2. 다. 인증품에 인증품이 아닌 제품을 혼합하거나		

조사기준			조사자료	조사사항	조사요령	인증관리		비고	첨부
시행규칙	고시 [별표5]	기타				조사 결과 정보시스템 입력사항	조치사항		
				확인	발견 등 인증기준 위반 개연성이 있는 경우		인증품이 아닌 제품을 인증품으로 판매하는 경우 - [해당 인증품의 인증표시 정지] 시행규칙 [별표8] 인증취소 등 행정처분의 기준 및 절차 2. 사. 그 밖의 인증품이 법 제19조 제2항에 따른 인증기준에 맞지 아니한 때		

2.2.5. 원료추적

조사기준			조사자료	조사사항	조사요령	인증관리		비고	첨부
시행규칙	고시[별표5]	기타				조사결과 정보시스템 입력사항	조치사항		
	7) 제조 · 가공자 및 취급자의 경우 원료 농산물 또는 축산물의 표본을 선정하여 생산자가 실제 출하하였는지 여부를 확인한다. [별표4] 인증표시의 세부적인 사항 등 1. 인증품 또는 인증품의 포장 · 용기에 표시하는		원료 입·출고 자료(로트추적 감사), 인증서, 거래증명서	- 유기원료 표본을 선정하고, 그 원료의 인증자로부터 구입하였는지 여부를	- 인증품의 용기, 제품의 라벨, 포장지에 인증표시와 인증표시 문자, 인증표시 사항이 인증서의 내용과 일치하게 표시되어 있는지를 확인한다.	유기취급 계획서의 이행 여부	- [인증취소] 시행규칙 [별표8] 인증취소 등 행정처분의 기준 및 절차 2.다. 법 제19조제2항에 따른 인증기준에 맞지 아니한 경우로써 다음 중 어느 하나에 해당하는 경우 1) 공통기준 가) 경영관련 자료를 기록 · 보관하지 않은 경우 또는 거짓으로 기록하는 경우 나) 경영 관련 자료를 국립농산물품질관리원장 또는 인증기관이 요구하는 때에 이를 제공하		

조사기준			조사자료	조사사항	조사요령	인증관리		비고	첨부
시행규칙	고시[별표5]	기타				조사결과 정보시스템 입력사항	조치사항		
	방법 2. 납품서, 거래명세서, 보증서 등에 표시하는 방법 3. 표지판 또는 푯말로 표시하는 방법			추적하여 확인	- 실제 생산자가 출하하였는지 이동 경로를 역추적한다(전화, 필요 시 방문 등의 방법 활용).		지 않은 경우 다) 인증품에 인증품이 아닌 제품을 혼합하거나 인증품이 아닌 제품을 인증품으로 판매하는 경우		

2.2.6. 잔류물질의 검사

조사기준			조사자료	조사사항	조사요령	인증관리		비고	첨부
시행규칙	고시[별표5]	기타				조사결과 정보시스템 입력사항	조치사항		
	마. 조사원은 생산과정 조사 중 필요한 경우 유기합성농약 · 항생제 · GMO 등 잔류물질(이하 "금지물질"이라 한다) 검사를 실시할 수 있다. 다음의 경우에는 검사를 실시하여야 한다. 1) 심사원은 최근 1년		- 유기합성농약 등 금지물질 - 항생제, 항균제, 호르몬 제외 - GMO	- 원료에서 제품까지의 과정에서 유기적 순수성의 훼손 여부 확인	- 고시 [별표2] 인증심사의 절차 및 방법의 세부사항 중 1. 다.5)다) 검사가 필요한 경우 (1) 용수: 세척 또는 원료로 사용하는 경우로 최근 5년 이내에 실시한 수질검사성적을 비치하지 않은 경우(「수도법」에 따른 수돗물을 이용하는 경우는 제외함.) (2) 생산물:		[인증취소] 시행규칙 [별표8] 인증취소 등 행정처분의 기준 및 절차 2. 다.4)유기가공식품 · 비식용유기가공품 가) 가공원료로 사용할 수 없는 원료 · 식품첨가물 · 가공보조제를 사용한 경우(시행규칙 [별표3] 제4호나목2. 상업적으로 조달할 수 없는 경우는 제외)		

조사기준			조사 자료	조사 사항	조사요령	인증관리		비고	첨부
시행 규칙	고시[별표5]	기타				조사결과 정보시스템 입력사항	조치사항		
	이내에 생산물에서 금지물질이 검출된 경우 2) 비 허용물질의 사용 흔적의 발견 등 인증기준 위반 개연성이 있는 경우				◦ 취급시설에서 비 인증품을 병행하여 취급하는 경우(취급자), ◦ 전용 생산라인이 없이 일반 가공품과 병행 가공하는 경우(가공식품) ◦ 기타 비 인증품 또는 GMO의 혼입이 우려되는 경우		나) 가공과정에서 허용물질이 아닌 물질을 사용하거나 인증기준에 맞지 않는 방법을 사용한 경우 [해당 인증품의 인증표시 제거] 시행규칙 [별표8] 인증취소 등 행정처분의 기준 및 절차 2. 바. 잔류 물질이 검출되어 인증기준에 맞지 아니한 때		

2.2.7. 검정의뢰

조사기준			조사 자료	조사사항	조사요령	인증관리		비고	첨부
시행 규칙	고시 [별표2] 1.다.5),6),7)	기타				조사결과 정보시스템 입력사항	조치 사항		
	사무소장 또는 인증기관의 장은 마목에 따른 잔류물질 검사를 위해 수거한 시료를 [별표2] 제1호다목7)에 규정된 기관에 송부하여 그 검정을 의뢰할 수 있다.			- 고시 [별표2] 인증심사의 절차 및 방법의 세부사항(제7조제3항 관련) 다목 8) 검사방법, 9) 시료수거 방법, 10) 기록사항	- 9)다) 시료수거는 신청인 또는 신청인 가족 입회하에 인증심사원이 채취하고, [별지 제7호서식]의 시료수거 확인서를 작성하여 인증심사보고서에 첨부한다. - 9)바) 채취한 시료는 신청인 입회하에 봉인 조치한 후 검사의뢰서를 작성하여 지체 없이 시험연구기관에 송부한다.				

2.2.8. 불고지조사

조사기준			조사자료	조사사항	조사요령	인증관리		비고	첨부
시행규칙	고시 [별표5] 1.사.	기타				정보시스템 입력사항	조치사항		
	사무소장 또는 인증기관의 장은 당해 연도 생산과정조사 대상 건의 5% 이상에 대해 인증사업자에게 조사 사실을 미리 알리지 않고 생산과정 조사(불고지조사)를 실시하여야 한다. 이 경우 조사대상자의 선정은 최근 3년 이내 인증기준 위반이 있었거나 잔류물질이 검출된 적이 있는 건 등 위험도가 높은 인증 건을 위주로 선정한다.				- 당해 연도 생산과정 조사가 필요한 인증사업자를 확인하여 사후관리 계획을 수립한다. - 생산과정 조사계획 수립 시 당해 연도 대상건수의 5% 이상에 대해 인증사업자에게 조사 사실을 미리 알리지 않고 생산과정 조사(불고지조사)를 실시한다. - 불고지조사 대상은 최근 3년 이내 인증기준 위반이 있었거나 잔류물질이 검출된 적이 있는 등 위험도가 높은 인증 건을 위주로 선정한다.	종합의견란에 '불고지조사'라고 기록			

3. 인증심사 진행 방법 및 보고서

3.1. 유기가공식품 인증심사 진행 방법

3.1.1. 인증심사 순서

심사 방법(예) Audit Guide(sample)	
인증심사 순서 Sequence	세부내역(Details)
사전 심사준비 Preparation	▪ 회의(심사)장소 마련 및 참석자 공지(경영자, 프로세스 책임자 포함) ▪ 준비자료(전자매체 자료 포함) - 신청업체 경영관련 기록 및 문서(지침서 외) - 갱신의 경우 : 이전 심사기록 및 시정조치 사항(인증기관에 요청) - 회사 소개자료 ▪ 자료 부족 시 인증기관과 신청업체에게 자료 요구
시작회의 Opening meeting (경영자가 담당 책임자일 경우 별도의 경영자 면담은 없음)	▪ 회의진행 : 회사의 안내로 심사원 또는 팀장(2명 이상의 경우)이 진행 ▪ 참석범위 : 경영자 및 심사대상 임직원(유기인증 책임자 참석) ▪ 회의진행 내역 1. 상견례 및 인증신청에 대한 감사인사 2. 인증신청 범위 및 적용규격 확인 3. 인증심사 진행절차 및 일정 확인(변경 가능성 통지) 4. 인증심사 방법(샘플링 심사)과 그 한계성 설명 5. 신청 회사의 출입제한구역 또는 심사원 안전 관련 공지사항 청취 6. 안내원 선임 및 심사관련 필요시설 제공요청 7. 기타 질의응답
경영자면담 Management interview	▪ 참석대상 : 최고경영자, 경영대리인, 심사 팀 ▪ 면담시간 : 심사일정표 참조(사전협의) ▪ 면담내용 : 유기시스템의 방침 및 운영방향과 경영자의 실행에 대한 의지
현장순회 Site tour	▪ 계획된 심사대상 현장 순회
심사수행 Audit conduction	▪ 심사장소 : 사전 협의 및 준비한 지정장소 ▪ 심사대응 : 심사대상 관련 인원 ▪ 심사방법 : 담당자 면담, 현장관찰, 경영관련 자료의 확인 등 ▪ 심사출입 및 열람 : 사전협의 및 준비하여 허용 협조
심사결과정리 Organization of the audit result	▪ 심사 팀의 심사결과회의 및 보고서 정리 (가능한 한 현장에서 심사보고서를 완결)
종결회의 Closing meeting	▪ 종결회의 진행 : 심사원 또는 팀장(2명 이상의 경우)이 진행 ▪ 참석범위 : 시작회의 시 참석인원 및 기타 ▪ 회의장소 : 변경이 없는 한 시작회의 장소 ▪ 회의내용 1. 상견례 및 심사진행 협조에 대한 감사인사 2. 인증심사방법 및 인증심사결과 요약보고 3. 인증원별 부적합사항 설명 및 회사 측 확인 서명 4. 이의 또는 불만접수 및 처리 5. 샘플링심사 한계성 설명 6. 이후 절차 설명 7. 기타 질의응답

3.1.2. 인증심사일정표 (예)

- 신청업체 일정 협의 후 세부 일정표를 신청업체에 통보

유기가공식품 인증심사 일정표			
심사 일자	심사 시간	심사원(소속)	
		전남대1 (000인증기관)	전남대2 (000인증기관)
2014년 11월 10일	09시~09시30분	시작 회의	좌동
	09시30분~10시	경영자 면담	좌동
	10시~12시	현장심사	좌동
	13시~14시30분	서류심사	좌동
	14시30분~16시	추적감사, 대조감사	좌동
	16시~17시	심사보고서 작성 및 심사팀 회의	좌동
	17시	종결 회의	좌동

- 심사 준비사항
  1) 유기취급계획서 및 경영관련 자료
  2) 신청 품목의 품목제조보고서 및 각 시험검사 성적서, 사용물질별 MSDS 등
  3) 심사원 사용시설(회의실, 전화, 복사기, 노트북 사용 전원 등) 제공
  4) 심사원별 안내자 지정

- 인증심사일정은 심사진행에 따라 조정될 수 있습니다.

3.1.3. 시작회의 (Opening meeting) 사례

시작회의 진행 요약
1. 상견례 및 인증신청에 대한 감사인사 2. 인증신청 범위 및 적용규격 확인 3. 인증심사 진행절차 및 일정 확인(변경 가능성 통지) 4. 인증심사 방법(샘플링 심사)과 그 한계성 설명 5. 신청 회사의 출입제한구역 또는 심사원 안전 관련 공지사항 청취 6. 안내원 선임 및 심사관련 필요시설 제공요청 7. 기타 질의응답
진행책임 : 심사팀장
1. 안녕하십니까? 지금부터 시작회의를 개최하겠습니다. 먼저 귀사가 000**인증기관**에 유기가공식품 인증심사를 신청하여 주신 것에 대하여 감사를 드립니다. - 저는 이번 **AA회사**의 **BB제품**에 대한 유기가공식품 인증심사를 총괄하는 **심사팀장 전남대1**이며, 제 바로 옆에 계시는 분은 저와 함께 이번 심사를 수행할 **심사원 전남대2**입니다. 시작회의에 참석하신 귀사의 임직원을 소개해 주시고, 참석자명단에 서명하여 주십시오. (소개 및 상견례 완료, 참석자 명단 서명 완료) 2. 먼저 이번 인증심사는 귀사가 신청한 **CC공장**에서 생산하는 **BB유기가공식품**의 생산 및 취급 관리체계가 "친환경농어업 육성 및 유기식품 등의 관리·지원에 관한 법률" 19조와 같은 법 시행규칙 제8조(유기식품등의 인증대상)와 제9조(유기식품등의 인증기준)에서 정한 절차 및 방법과 000**인증기관**의 유기가공식품인증 업무규정에서 정한 심사기준에 적합한지 여부를 평가하는 방식으로 진행되는 것입니다. 그렇지요? **(업체 확인 및 동의)** 3. 이번 인증심사는 미리 보내드린 인증심사 계획서 및 심사일정표에 따라 진행하겠습니다. 혹시 통보해드린 일정의 변경이 필요하십니까? **(업체 확인)** - **(일정변경 요청이 없는 경우)** 혹시 심사 진행 중에라도 회사의 긴급한 사정 등으로 일정변경이 필요하시다면 사전까지 심사팀장에게 통보하여 주시면 최대한 조정하겠습니다. 4. 인증심사는 샘플링심사방법으로 진행됩니다. 실제로 심사원이 확인한 사항을 근거로 적합 또는 부적합의 판정이 이루어집니다. 따라서 실제로는 귀사에서 전반적으로 잘 관리되고 있는 사항임에도 부적합으로 평가될 수도 있고, 반대로 전반적으로 제대로 관리되지 않고 있는 사항임에도 적합으로 평가될 수도 있는 한계성을 가지고 있음을 미리 알려드리며, 유기가공식품인증심사는 원칙적으로 시스템심사이므로 제품심사는 별도로 진행하지 않지만, 심사과정에서 원료, 가공공정 중에 제품 또는 최종제품에 대하여 시험분석이 필요하다고 심사원이 판단되면 시료를 채취하여 시험분석이 실시될 수 있음을 미리 알려드립니다. 5. 이번 심사일정 동안 심사원은 필요하면 여러분의 생산현장에 수시로 출입하며 확인할 사항이 발생될 수 있습니다. 특별히 심사원의 출입이 통제되거나 특별한 출입수칙이 적용되는 장소 등이 있으면 미리 알려주시고, 아울러 심사원의 심사활동 수행과정에서 특별히 안전에 유의해야 할 사항이 있으면 알려주시기 바랍니다. **(회사 설명 경청)** - 또한, 저를 비롯한 우리 심사팀은 귀 사의 서면 동의 없이는 심사과정에서 취득한 귀사와 관련된 일체의 정보를 제3자에게 누설하지 않을 것임을 약속드리며, 요청하신다면 서면으로 작성된 기밀유지각서를 제공해드릴 수 있음을 알려드립니다. - 원활한 심사진행을 위하여 심사원별로 담당할 안내인을 1분씩 선임하여 주실 것을 부탁드립니다. **(2명 이상의 심사원일 경우 : 안내원 배정)** 6. 심사원들이 심사 도중에 회의를 할 수 있는 공간과 해당 장소에서 간단한 사무처리를 할 수 있도록 전화기, FAX 및 복사기를 비치하여 주시거나 이들을 이용할 수 있게 허락해 주시면 감사하겠습니다. **(해당 장소 안내 경청)** 7. 혹시 이번 심사과정에서 특별히 요청하고 싶은 사항이나 다른 질문이 있습니까? **(질의응답)** - 이상으로 시작회의를 마치고 잠시 후 경영자면담을 시작으로 현장심사를 시작하겠습니다.

3.2. 인증심사보고서 양식

인증심사보고서 (유기가공식품)

○ 접수번호 :

<table>
<tr><td rowspan="4">사업장</td><td>상 호 :</td><td rowspan="2">신청 품목</td><td rowspan="2"></td></tr>
<tr><td>소재지 :</td></tr>
<tr><td>담당자 :</td><td>심사원</td><td></td></tr>
<tr><td>연락처 :</td><td rowspan="4">심사일 및 소요 시간 (총:)</td><td>서류검토 :</td></tr>
<tr><td rowspan="3">대표자</td><td>성 명 :</td><td>현장심사 :</td></tr>
<tr><td rowspan="2">연락처(소재지 포함-별도장소의 경우)</td><td>보고서 작성 :</td></tr>
<tr><td>이동(왕복) :</td></tr>
</table>

☑ 심사 신청 종류	☑ 인증기관으로부터 전달받은 문서
☐ 신규 신청 ☐ 인증갱신 신청 ☐ 인증품 유효기간 연장 신청 ☐ 인증변경 승인신청 ☐ 추가 심사 ☐ 불시 조사 ☐ 기타	☐ 식품품목제조보고서 사본 ☐ 유기취급계획서 ☐ 원료 및 첨가물이 기준에 적합하다는 것을 증명하는 서류 ☐ 생산시설 도면 ☐ 품목별 제조공정도 ☐ 제품명세서 ☐ 심사안내서 ☐ 이전심사보고서 ☐ 현장심사계획서 ☐ 기타 : 인증계약서 및 관련공문 등

3.2.1. 기본정보

항 목	내용	비고
대표자 / 담당자 면담 여부		
유기가공식품 사업과 인증 신청 사유		
소유관계		
조직구조		
직원 수/ 유기식품 작업인원		
근무환경 및 직원복지		
유기가공식품의 생산주기와 시간		
마케팅 및 주요 판매방법		
인증표시 및 사용방법		
불만사항(반품 관련) 기록		
기타 필요사항		

3.2.2. 심사 결과

1. 일반요건

심사항목	평 가	예/개선/ 아니오/ 해당 없음
(1) 시설도면, 제조공정도, 제품명세 등 인증신청서 상의 모든 정보가 실제와 일치하는가?		
(2) 유기취급계획이 계획대로 실행되고 있는가?		
(3) 가공 및 취급 전반에 걸쳐 토양의 오염이 최소화되도록 조치하고 있는가?		
(4) 가공 및 취급 전반에 걸쳐 대기의 오염이 최소화되도록 조치하고 있는가?		
(5) 가공 및 취급 전반에 걸쳐 물의 오염이 최소화되도록 조치하고 있는가?		
(6) 금지된 물질 및 방법으로부터 유기식품을 보호하기 위해 격리 및 충분한 예방 조치를 취하고 있는가?		
(7) 종업원들이 유기취급계획에 대해 훈련 받고 있는가?		
(8) 종업원들은 유기 인증기준에 대하여 종합적으로 이해하고 있는가?		
(9) 사업자는 유기 인증기준에 대하여 종합적으로 이해하고 있는가?		

2. 가공원료

심사항목	평 가	예/개선/ 아니오/ 해당 없음
(1) 모든 원료에 대한 유기인증서 또는 유기적으로 생산 및 취급되었다는 것을 증빙하는 자료가 있었는가?		
(2) 비유기 원료가 사용된 경우 불가피하였는가? 유기원료를 구하기 위해 어떠한 노력을 하였는가?		
(3) 비유기 원료가 사용된 경우 물과 소금을 제외한 제품 중량에 대한 비유기 원료의 중량 비율이 5% 이하였는가?		
(4) 사업자는 비유전자변형 확인서 등 유전자변형이 아님을 증빙할 수 있는 자료를 가지고 있었는가?		
(5) 수질검사성적서가 있었는가? 검사결과는 먹는 물 기준에 적합하였는가?		
(6) 소금이 식품기준에 적합하였는가?		
(7) 미생물 제제가 사용된 경우, 그것이 유전자변형 미생물에서 유래된 것이 아님을 증빙하는 자료가 있었는가?		
(8) 첨가물 또는 가공보조제가 사용된 경우, 사용된 물질이 허용된 것인가? 그 사용이 불가피하였는가? 최소량만을 사용하였는가?		

3. 가공방법

심사항목	평 가	예/개선/ 아니오/ 해당 없음
(1) 가공방법은 허용된 방법만을 사용하였는가?		
(2) 유기식품에 관한 모든 가공 및 취급 과정에서 방사선이 사용되지 않았는가?		
(3) 추출을 위해서 허용된 물질만을 사용하였는가?		
(4) 여과를 위해 환경에 부정적 영향을 미칠 수 있는 물질이나 기술을 사용하지 않았는가?		
(5) 저장을 위해 사용된 방법은 기준에 적합한가?		
ㅇ 유기원료 투입비율 계산 과정 (내용이 많을 경우 별첨)		

4. 해충 및 병원균 관리

심사항목	평 가	예/개선/아니오/해당 없음
(1) 해충과 병원균의 관리를 위해 화학 요법이나 방사선 요법이 사용되지 않았는가?		
(2) 해충 관리를 위해 허용된 방법을 순차적으로 적용하였는가?		
(3) 해충과 병원균 관리를 위해 장비와 시설에 허용되지 않은 물질을 사용하지 않았는가?		
(4) 허용되지 않은 물질이나 방법으로부터 유기식품을 보호하기 위해 격리 및 충분한 예방조치가 취해졌는가?		

5. 세척 및 소독

심사항목	평가	예/개선/아니오/해당 없음
(1) 세척, 살균, 소독에 사용된 물질이 유기식품에 잔류하지 않도록 조치하였는가?		
(2) 사업자는 허용되지 않은 물질, 해충, 병원균, 기타 이물질로부터 유기식품을 보호하기 위하여 예방조치를 취하였는가?		
(3) 세척 또는 소독에 사용된 물질은 먹는 물 또는 허용된 가공보조제 외에는 없는가?		
(4) 세척제, 살균제, 소독제를 사용한 경우, 유기적 순수성이 훼손되지 않도록 조치하였는가?		

6. 포장

심사항목	평가	예/개선/ 아니오/ 해당 없음
(1) 포장재는 재활용되었거나 재활용할 수 있는 것인가?		
(2) 포장재가 허용되지 않은 물질을 함유하였거나 접촉하지 아니하였다는 것을 문서로 확인할 수 있는가?		
(3) 합성살균제, 방부제, 훈증제 등 금지된 물질이 포장재, 용기, 저장고에 사용되지 않았는가?		
(4) 재활용된 자재 또는 용기는 기준에 적합하였는가?		
(5) 표시 또는 표시물의 기재사항은 기준에 적합한가?		

7. 원료 및 제품의 수송

심사항목	평가	예/개선/ 아니오/ 해당 없음
(1) 사업자는 환경에 미치는 악영향을 최소화할 수 있는 수송방법을 선택하였는가?		
(2) 수송 장비와 운반용기를 세척, 소독할 때 허용되지 않은 물질을 사용하지 않았는가?		
(3) 수송 과정에서 유기식품이 허용되지 않은 물질이나 관행식품과 접촉 또는 혼합되지 않도록 명백히 구분하여 취급하였는가?		

8. 기록 및 접근 보장

심사항목	평가	예/개선/ 아니오/ 해당 없음
(1) 사업자는 유기식품의 취급 전반에 관한 기록을 작성하고 있는가? 기록한 자료는 3년 이상 보존하고 있는가?		
(2) 유기취급계획은 가공 및 유통을 포함하는 전체 관리 시스템을 다루고 있는가?		
(3) 표본추적 결과 이력추적이 가능하였는가?		
(4) 대조감사 결과 투입과 산출량이 균형을 이루고 있는가?		
(5) 가공, 포장, 저장, 운송, 판매, 기타 취급에 관한 관리 지침이 문서화되어 보존되고 있는가?		
(6) 모든 기록 및 관련된 현장에 아무런 제한 없이 접근할 수 있는가?		

ㅇ 기타 참고사항

3.2.3. 별첨 자료

[별첨 1] 유기원료 비율 계산서

계산기준
※ 유기원료 비율의 계산법 [규칙 별표 3 4. 나.목 2) / 고시 별표1 나.목 5) 관련] $$\frac{I_o}{G-WS}=\frac{I_o}{I_o+I_c+I_a}\geq 0.95$$ G : 제품(포장재, 용기 제외)의 중량 ($G\equiv I_o+I_c+I_a+WS$) I_o : 유기원료[유기농산물+유기축산물+유기가공식품]의 중량 I_c : 비유기 원료(유기식품인증 표시가 없는 원료)의 중량 I_a : 비유기 식품첨가물(가공보조제 제외)의 중량 WS: 인위적으로 첨가한 물과 소금의 중량 가. 원료별로 단위가 달라 중량과 부피가 병존하는 때에는 최종 제품의 단위로 통일하여 계산한다. 나. 유기가공식품인증을 받은 식품첨가물은 유기원료에 포함시켜 계산한다. 다. 계산 시 제외되는 물과 소금은 의도적으로 투입되는 것에 한하며, 가공되지 않은 원료에 원래 포함되어 있는 물과 소금은 포함한다. 라. 농축, 희석 등 가공된 원료 또는 첨가물은 가공 이전의 상태로 환원한 중량 또는 부피로 계산한다. 마. 비유기 원료 또는 식품첨가물이 포함된 유기가공식품을 원료로 사용하였을 때에는 해당 가공식품 중의 유기 비율만큼만 유기원료로 인정하여 계산한다.
계산 결과

[별첨 2]

<table>
<tr><td>표본 추적감사 결과 보고서</td></tr>
<tr><td>* 표본 선정내용
• 제품명 :
• 제조일자, 유통기한 및 로트번호 :
• 포장재 및 포장형태 :
• 표본 선정 장소 및 시간 :</td></tr>
<tr><td>추적 결과</td></tr>
<tr><td>1. 해당 제품 포장일자 및 작업시간
2. 해당 제품의 반가공 일시 및 사용 제조설비
3. 해당 제품의 반제품 생산을 위한 원부재료 배합시간 및 단위 배합량
4. 해당 제품의 반제품 배합에 투입된 원부재료의 입고 로트번호
5. 해당 원부재료의 공급업체 및 입고일자
6. 판정 :</td></tr>
</table>

[별첨 3]

<table>
<tr><td>대조감사 결과 보고서</td></tr>
<tr><td>* 대조감사 대상제품 선정내용
• 분석대상기간</td></tr>
<tr><td>대조감사 결과</td></tr>
<tr><td>1. 투입산출 분석 결과 :

2. 평가 :</td></tr>
</table>

[별첨 4]

<table>
<tr><td colspan="8">시작 및 종결 회의 서명서</td></tr>
<tr><td colspan="3">신청 회사명</td><td colspan="3" rowspan="2">회의 참석자</td><td colspan="2" rowspan="2">작성일자 :</td></tr>
<tr><td colspan="3"></td></tr>
<tr><td colspan="4">시작회의</td><td colspan="4">종결회의</td></tr>
<tr><td colspan="4">일시 :</td><td colspan="4">일시 :</td></tr>
<tr><td>소 속</td><td>직급(위)</td><td>성 명</td><td>서 명</td><td>소 속</td><td>직급(위)</td><td>성 명</td><td>서 명</td></tr>
<tr><td></td><td></td><td></td><td></td><td></td><td></td><td></td><td></td></tr>
<tr><td></td><td></td><td></td><td></td><td></td><td></td><td></td><td></td></tr>
<tr><td></td><td></td><td></td><td></td><td></td><td></td><td></td><td></td></tr>
<tr><td></td><td></td><td></td><td></td><td></td><td></td><td></td><td></td></tr>
<tr><td></td><td></td><td></td><td></td><td></td><td></td><td></td><td></td></tr>
<tr><td></td><td></td><td></td><td></td><td></td><td></td><td></td><td></td></tr>
<tr><td></td><td></td><td></td><td></td><td></td><td></td><td></td><td></td></tr>
<tr><td></td><td></td><td></td><td></td><td></td><td></td><td></td><td></td></tr>
<tr><td></td><td></td><td></td><td></td><td></td><td></td><td></td><td></td></tr>
<tr><td></td><td></td><td></td><td></td><td></td><td></td><td></td><td></td></tr>
<tr><td></td><td></td><td></td><td></td><td></td><td></td><td></td><td></td></tr>
</table>

3.2.4. 심사보고 요약

접수번호 :

조항 번호	범　위	적합	개선	부적합	개선 및 부적합 사항
1	일반요건				
2	가공원료				
3	가공방법				
4	해충 및 병원균 관리				
5	세척, 소독				
6	포장				
7	원료 및 제품의 수송				
8	기록 및 접근 보장				

※ '부적합 사항'에는 인증기준에 부적합한 사항을 요약하여 기록하고,
'변경 또는 불일치 사항', 부족한 정보'가 있으면 함께 기술하시오.

ㅇ 시료채취 (해당되는 경우) :
- 채취 사유 :
- 채취 장소 :
- 시료 내용 및 양 :

심사 종료일	신청자 측 담당자 서명	심사원 서명

3.2.5. 유기가공식품 인증심사 부적합 보고서

<table>
<tr><td colspan="4">부적합 보고서</td></tr>
<tr><td>신 청 자</td><td></td><td>소 재 지</td><td></td></tr>
<tr><td>심 사 일 시</td><td></td><td>확 인 장 소</td><td></td></tr>
<tr><td>해당 인증기준</td><td colspan="3"></td></tr>
<tr><td>부적합 내용</td><td colspan="3">(※ 6하 원칙에 따라 작성. 구체적 입증자료 첨부: 심사원 작성)</td></tr>
<tr><td>개선조치 내역</td><td colspan="3">(※ 6하 원칙에 따라 작성. 구체적 입증자료 첨부: 신청자 작성<별지 첨부 가능>)</td></tr>
<tr><td>부적합 구분</td><td>□경부적합 □중부적합</td><td>조치 요구기한</td><td>년 월 일</td></tr>
<tr><td>심사원 확인</td><td>(서명)</td><td>신청자 확인</td><td>직위: 성명: (서명)</td></tr>
<tr><td>차기심사
확인사항 및
기타 사항</td><td colspan="3"></td></tr>
</table>

3.3. 인증심사보고서 예시

3.3.1. 두부(표준 안)

※ 본 보고서는 표준(안) 서식에 맞춰 작성된 것임.

인증심사보고서 (유기가공식품)

○ 접수번호 :

<table>
<tr><td rowspan="4">사업장</td><td>상 호 : ㈜유기식품</td><td rowspan="2">신청품목</td><td rowspan="2">- 유기농두부 부침용,
- 유기농두부찌개용,
- 유기농컵두부 찌개, 부침겸용
주원료 : 유기대두(Grits)</td></tr>
<tr><td>소재지 : 000</td></tr>
<tr><td>담당자 : 홍 길 동</td><td>심사원</td><td>전남대</td></tr>
<tr><td>연락처 : 000</td><td rowspan="4">심사일
및
소요시간
총:
19시간</td><td>서류검토 : 2014. 11. 20
4시간</td></tr>
<tr><td rowspan="3">대표자</td><td>성 명 : 임 꺽 정</td><td>현장심사 : 2014. 11. 27
8시간</td></tr>
<tr><td rowspan="2">연락처(별도 장소의 경우) :</td><td>보고서 작성 : 2014. 11. 27
2시간</td></tr>
<tr><td>이동(왕복) : 2014. 11. 27
5시간</td></tr>
</table>

☑ 심사 유형	☑ 인증기관으로부터 전달받은 문서
☐ 신규 신청	☑ 식품품목제조보고서 사본
☑ 인증갱신 신청	☑ 유기취급계획서
☐ 인증품 유효기간	☑ 원료 및 첨가물이 기준에 적합하다는 것을 증명하는 서류
연장신청	☑ 생산시설 도면
☐ 인증변경	☑ 품목별 제조공정도
승인신청	☑ 제품명세서
☐ 추가 심사	☑ 이전심사보고서 및 시정조치사항
☐ 불시 조사	☑ 인증계약서 및 관련공문
☐ 기타	☑ 기타 : 방역관련자료, 검사서(수질, 간수=첨가물, 여과자재, 포장재 등)

1. 기본정보

항 목	내용	비고
대표자 / 담당자 면담 여부	대표는 업무상 출타 중이었으며, 담당자(홍길동)와 면담했음.	
유기가공식품 사업과 인증 신청 사유	"유기농 시장의 수요에 대응하기 위하여"라고 말했음.	
소유관계	주식회사임.	
조직구조	생산부서를 중심으로 조직된 생산조직구조이며, 첨부된 조직도 참조	
직원 수/ 유기식품 작업인원	상근 직원수 50여명으로 생산직 약 25명, 사무직, 15명, 영업직 10명 등으로 구성됨. 유기농 제품관련 작업인원은 유기작업(병행생산 시설임) 시 10명이 투입되고 있었음.	
근무환경 및 직원복지	담당자(홍길동)는 상위수준의 근부환경 및 복지를 유지하고 있다고 말했음.	
유기가공식품의 생산주기와 시간	2013년에는 매일 첫 작업으로 1시간씩 가공하고 있음. (생산일지로 확인함)	
마케팅 및 주요 판매방법	전국 가맹점(이마트, 홈플러스 등)으로 판매	
인증표시 및 사용방법	원료는 그리츠(Grits=콩분말)로 입고되며 유기전용 사이로(표시됨)에 보관되고 있으며, 반제품 없이 유기표시된 제품으로 유기 표시된 포장박스에 담겨 출하되고 있었음.	
불만사항(반품 관련) 기록	반품기록부를 보관하고 처리하고 있었음.	
기타 사항		

2. 심사 결과

1. 일반요건

심사항목	평가	예/개선/ 아니오/ 해당 없음
(1) 시설도면, 제조공정도, 제품명세 등 인증신청서 상의 모든 정보가 실제와 일치하는가?	○ 문서감사 및 시설관찰을 통하여 유기작업장 설비배치도, 제조공정도 및 품목제조보고서 등이 인증신청서의 내용과 현장이 일치함을 확인하였음. [관련자료] 시설배치도, 제조공정도, 품목제조보고서	예
(2) 유기취급계획이 계획대로 실행되고 있는가?	○ 신청서상의 유기취급계획(OHP)에 따라 원료입고, 가공, 해충관리, 세척소독, 원료 및 제품의 운송, 물의 사용 등이 실행되고 있었음. [관련자료] 유기관리기준서 등 경영자료, 현장시설관찰	예
(3) 가공 및 취급 전반에 걸쳐 토양의 오염이 최소화되도록 조치하고 있는가?	○ 가공부산물인 비지, 파손품 등은 2개의 용역업체(푸른농장, 녹색환경산업)와, 폐포장지(합성수지)류는 그린환경산업과의 계약에 의해 처리되고 있었음. [관련자료] 3개업체 계약서확인 - 폐기물처리일지(전산자료)	예
(4) 가공 및 취급 전반에 걸쳐 대기의 오염이 최소화되도록 조치하고 있는가?	○ 두유를 제조하는 가열공정의 에너지원은 LNG(3라인, 4라인)를 사용함으로써 오염물질 배출을 최소화하고 있었음. - 현장 확인	예
(5) 가공 및 취급 전반에 걸쳐 물의 오염이 최소화되도록 조치하고 있는가?	○ 가공 후 세척 및 소독을 위하여 CIP를 4시간 동안 실시하고 있으며, 이 때 발생하는 폐수는 해당공장의 폐수처리장에서 1차 처리되어 최종적으로는 00산업단지 폐수종말처리장에서 배출수 기준에 적합하게 처리되어 배출되고 있었음. [관련자료] 폐수수질검사성적서, 현장 확인	예
(6) 금지된 물질 및 방법으로부터 유기식품을 보호하기 위해 격리 및 충분한 예방 조치를 취하고 있는가?	○ 신청제품인 두부류 가공에 금지된 첨가물을 사용하지 않았음. ○ 해충관리를 위하여 금지된 물질인 스톰그래뉼(쥐목이상자)을 사용하고 있으나 건물 외곽에 설치하고 있고 뚜껑이 되어 있어 식품과 직접 접촉하지 않도록 관리하고 있었음. ○ 가공시설 세척소독을 위하여 퀴어럼옐로우686, 크렌즈액티브, PHMP-A로써 CIP를 실시하고 있으며, 사용후 pH 페이퍼로 잔류유무를 검사하여 잔류하지 않도록 관리하고 있었음. [관련자료] 제조공정도, 소독필증, 방역보고서, CIP점검표, 시설관찰 결과	예

심사항목	평가	예/개선/ 아니오/ 해당 없음
(7) 종업원들이 유기취급계획에 대해 훈련 받고 있는가?	○ 현장생산기술자(000) 및 품질관리담당자(000)은 aT교육원에서 실시하는 유기가공식품인증 실무자과정을 이수하였으며, 종업원의 OHP계획 실행에게 전달 교육을 실시하였음. <사외교육 수료> - 교육기간 : 2010. 11. 17-18(2일간) - 수료자 : 000(식품교육 제100408호) 000(식품교육 제100409호) <사내교육 실시> - 일시 : 2010. 11. 24 - 12. 9(4회) - 강사 : 품질관리담당자 000 - 대상 : 현장 종업원 000 등 20명 [관련자료] 교육수료증(2매), 사내교육결과보고서	예
(8) 종업원들은 유기 인증기준에 대하여 종합적으로 이해하고 있는가?	○ 현장심사 시 생산현장에 있는 작업자(@@@)에게 유기적 순수성에유지 방안에 대하여 질문한 결과 "유기제품을 먼저 가공한 후 일반제품을 생산하는 등 시간을 달리하는 것이 바람직하다"고 답변하였음.	예
(9) 사업자는 유기 인증기준에 대하여 종합적으로 이해하고 있는가?	○ 실질적인 사업장책임자인 공장장(000)은 유기가공에 대한 기본원칙에 대해 질문한 결과 '배출물질의 최소화하여 환경부화를 줄여주는 것이 좋다'라고 답변하였고 인증기준에 대하여 이해하고 있다고 판단되었음.	예

2. 가공원료

심사항목	평 가	예/개선/ 아니오/ 해당 없음
(1) 모든 원료에 대한 유기인증서 또는 유기적으로 생산 및 취급되었다는 것을 증빙하는 자료가 있었는가?	○ 원료에 대한 유기인증서, 수입 및 입고 관련 서류를 확인하였음. ○ 원료저장고에 보관되어 있는 원료포장에 부착되어 있는 유기인증표지 및 인증정보가 실제와 일치하였음. - 유기대두 grits: - 생산자: Mara Global Foods Pty Ltd. 419 Culmaran Creek Road, Mallanganee 2469 NSW Austrailia - 유효기간: 2010. 10. 20. ~ 2011. 10. 19. - 인증번호: GOAA 00#-00021 - 인증기관: ###인증원 - 운송주선인: SPUD Organics - 수입신고필증: 2BC-2010-335552, - 수입 23톤 수입(2010.12.25. - 세금계산서 920포(25kg)=23톤 ○ 두 자료가 동일함을 확인하였음.	예

심사항목	평 가	예/개선/ 아니오/ 해당 없음
(2) 비유기 원료가 사용된 경우 불가피하였는가? 유기원료를 구하기 위해 어떠한 노력을 하였는가?	○ 비유기원료인 식품첨가물로 조제해수염화마그네슘과 미강유와 올리브유를 혼합 제조한 응고제를 사용하고 있었음(응고제에 혼합된 현미유 및 올리브유는 유기두부제품에 잔류 가능성이 있어 비유기원료로 평가하였음). - 응고제 제품명: 천일염천연응고제 100 - 응고제 성분: 해수염화마그네슘 55%, 현미유 40%, 올리브유 5% [관련자료] 유기두부 품목제조보고 사항 변경보고서 (2010. 12. 10.) ○ 올리브유는 유기제품이 있으나 미강유는 인증제품이 없으며, 유기올리브유 사용시 응고제의 유화안정성이 떨어진다는 실험 결과를 확인하였음. [관련자료] 응고제 안정성 실험요약(보고자료로 첨부)	예
(3) 비유기 원료가 사용된 경우 물과 소금을 제외한 제품 중량에 대한 비유기 원료의 중량 비율이 5% 이하였는가?	○ 유기: 대두분말: 97.8%, 비유기: 응고제(고형분): 2.2% ※ 계산과정 별첨	예
(4) 사업자는 비유전자변형 확인서 등 유전자변형이 아님을 증빙할 수 있는 자료를 가지고 있었는가?	○ 대두분말은 유기농산물인증을 받았으며, [관련자료] 현미유는 non-GM plant 증명이 있었음. (Dept. of Agr. No AC0915.01/649, Sep. 6. 2010)	예
(5) 수질검사성적서가 있었는가? 검사결과는 먹는 물 기준에 적합하였는가?	○ 상수도수질검사성적은 먹는 물 수질기준에 적합하였음. - 1호공 채수장: 00군 00면 00리 412 - 검사기관: 중앙생명과학원(주)대덕연구원 - 검사의뢰일: 2014. 01. 18. - 의뢰인: 000식품(주) 000 - 접수번호: 31100168 - 판정: 적합(수연11-00475호, 2011.01.31.) - 2호공 채수장: 상동(별도의 채수장) - 검사기관: 상동 - 검사의뢰일: 상동 - 의뢰인: 상동 - 접수번호: 31100169 - 판정: 적합(수연11-00476호, 2014.01.31.) - 01월분 공업용수사용료 납부영수증 확인함. (00산업단지 입주업체 협의회 발행)	예
(6) 소금이 식품기준에 적합하였는가?	○ 소금은 사용하지 않으며, 응고제(식품첨가물)로 "천일염천연응고제100"을 사용하였음.; (8)항 참조	해당 없음

심사항목	평 가	예/개선/ 아니오/ 해당 없음
(7) 미생물 제제가 사용된 경우, 그것이 유전자변형 미생물에서 유래된 것이 아님을 증빙하는 자료가 있었는가?	○ 사용하지 않으므로 해당사항 없음.	해당 없음
(8) 첨가물 또는 가공보조제가 사용된 경우, 사용된 물질이 허용된 것인가? 그 사용이 불가피하였는가? 최소량만을 사용하였는가?	○ 응고제(식품첨가물)로 천일염천연응고제100을 4.6% 사용하였으며, 최소량 사용에 대한 자사 실험 데이터를 확인하였음. - 식품첨가물제조보고사항변경서('10.10.05) (천일염천연응고제100) (해수염화마그네슘 + 미강유+올리브유) - 공급자; (주)000지엔에스 [관련자료] 천일염 천연응고 제100 시험성적서내역	예

3. 가공방법

심사항목	평 가	예/개선/ 아니오/ 해당 없음
(1) 가공방법은 허용된 방법만을 사용하였는가?	○ 가공방법은 세척, 침지, 마쇄, 가열, 여과, 응고, 성형, 절단, 포장, 냉각 등 기계적, 물리적 방법만 사용하였음. [관련자료] 식품품목제조보고서, 통합유기가공시스템 매뉴얼, 작업일지	예
(2) 유기식품에 관한 모든 가공 및 취급 과정에서 방사선이 사용되지 않았는가?	○ 시설관찰시 방사선조사 시설 및 표지가 발견되지 않았음.	예
(3) 추출을 위해서 허용된 물질만을 사용하였는가?	○ 두부제조공정에 추출공정이 없으므로 해당사항 없음.	해당 없음
(4) 여과를 위해 환경에 부정적 영향을 미칠 수 있는 물질이나 기술을 사용하지 않았는가?	○ 두유의 여과를 위한 여과기의 여과망의 재질은 스테인리스로 되어 있었음.	예
	○ 두유의 여과를 위한 여과기의 여과망의 재질은 부직포이며, 식품에 적합하다는 자료가 없어 자료요청을 하였음.	개선
(5) 저장을 위해 사용된 방법은 기준에 적합한가?	○ 원료 및 제품의 저장은 5℃ 이하의 저장고에서 관리되고 있으며, 특히 유통시에도 cold chain 시스템을 적용하고 있었음. [관련자료] 저온저장고 점검표, 차량관리점검표(운반용 냉장 탑차)	예

○ 유기원료 투입비율 계산 과정 (내용이 많을 경우 별첨) - 별첨자료 참조

4. 해충 및 병원균 관리

심사항목	평 가	예/개선/ 아니오/ 해당 없음
(1) 해충과 병원균의 관리를 위해 화학 요법이나 방사선 요법이 사용되지 않았는가?	○ 공장시설과 서류 확인 결과, 화학 요법이나 방사선 요법은 사용하지 않고 있었음. [관련자료] 소독필증, 서비스 확인서(세스코), 해충모니터링현황, 방제관리계약서, 소독용역계약서, 해충(방서)제어장비현황, 약제의 MSDS, 작업장 청소점검 기록서	예
(2) 해충 관리를 위해 허용된 방법을 순차적으로 적용하였는가?	○ 순차적으로 적용하고 있었음. - **예방적 방법:** 출입구 하단 밀폐, 창문밀폐, 청결유지(주1회 CIP=대청소 개념): 점검일지 - **기계적 방법:** 에어커튼(2곳), 방충망, 쥐 끈끈이(15곳), 포충등(24곳), 냉장전실사용 - **허용물질 사용:** 알펫ES(에탄올-손소독제) - 비허용자재 * 팡팡제로유제: 공장외곽 배수로 * 쥐먹이상자(스톰그레뉼-공장외곽), * 솔팩50 유탁제: 공장외곽 ※ 창문방충망, 건물벽설치문 기밀정도 확인. [관련자료] 위(1)의 자료와 동일	예
(3) 해충과 병원균 관리를 위해 장비와 시설에 허용되지 않은 물질을 사용하지 않았는가?	○ 해충 방제를 위해 제조장비 및 시설에 허용되지 않은 물질을 사용하지 않았음. - 비허용 물질은 외부에만 적용하였음.	예
(4) 허용되지 않은 물질이나 방법으로부터 유기식품을 보호하기 위해 격리 및 충분한 예방조치가 취해졌는가?	○ 허용되지 않은 물질을 사용하지 않았음. - 방역업체(세스코)에서는 주1회 방문하여 모니터링하며, 공장외곽의 방역을 위한 약제처리는 월 1회로, 처리하는 당일에만 직접 가져와서 처리하였음(회사 자체보관은 없음). - 자체적으로 사용하는 비 허용물질(알펫ES와 세척, 소독제)은 위험물질보관소(일반구역)에 보관하였음.	예

5. 세척 및 소독

심사항목	평가	예/개선/ 아니오/ 해당 없음
(1) 세척, 살균, 소독에 사용된 물질이 유기식품에 잔류하지 않도록 조치하였는가?	○ 절단기, 기계표면, 배관 등의 세척은 CIP를 실행하며, 이때 사용하는 세척/소독제의 잔류여부는 현장에서 간이 pH paper로 확인하고, 실험실에서 pH meter로 측정하여 잔류하지 않는다는 자료를 기록 유지하고 있었음. - 세척/소독제: PHMB-A, 쿼어럼옐로우686, 크렌즈액티브, [관련자료] OHP, CIP 점검표 확인	예

<table>
<tr><th>심사항목</th><th>평가</th><th>예/개선/
아니오/
해당 없음</th></tr>
<tr><td>(2) 사업자는 허용되지 않은 물질, 해충, 병원균, 기타 이물질로부터 유기식품을 보호하기 위하여 예방조치를 취하였는가?</td><td>○ 세척/소독에 사용된 물질은 헹굼수의 pH측정으로 잔류하지 않는 자료를 기록 보관하고 있었음.
○ 해충관리를 위하여 작업장 내부는 방충망, 포충등, 끈끈이 등으로 관리하고 있었음.
○ 유기제품 제조시에는 퍼지(purge)를 통하여 관행제품 잔류물이 시설내에 잔류하지 않도록 조치하고 있었음.
- 퍼지량: 압착 후 절단 전, 약300모/10분
○ 1차보일러에서 발생한 수증기를 2차보일러의 수증기발생 열원으로 사용되고 있으며, 1차보일러청관제로 Chem-Aqua 3(주성분 : 폴리아크릴화 나트륨, 스케일분산제)와 OX-AWAY(주성분: 아황산나트륨, 용존산소제거제)가 사용되고 있으나 2차 보일러의 수증기와는 혼합되지 않는 구조였음.
[관련자료] 방역계약서, CIP점검표, 시설관찰결과</td><td>예</td></tr>
<tr><td>(3) 세척 또는 소독에 사용된 물질은 먹는 물 또는 허용된 가공보조제 외에는 없는가?</td><td>○ 대두분말을 사용하므로 별도의 세척/소독 은 이루어지지 않고 있었음.
[관련자료] 식품품목제조보고서, 유기가공시스템매뉴얼 (제조공정도)</td><td>예</td></tr>
<tr><td>(4) 세척제, 살균제, 소독제를 사용한 경우, 유기적 순수성이 훼손되지 않도록 조치하였는가?</td><td>○ 절단기 등 제조시설 표면 및 배관내부의 세척/소독에 아래의 물질이 사용되고 있었으나, pH 페이퍼 및 pH 메타로 잔류여부를 검사하여 잔류되지 않게 조치하였다는 자료를 관리·보관하고 있었음.
- 세척/소독제 사용내역
<table>
<tr><th>제품명</th><th>성분조성</th><th>사용설비</th><th>잔류검사</th></tr>
<tr><td>퀴어럼 엘로우686</td><td>차아염소산나트륨, 수산화칼륨</td><td>절단기, 기계표면</td><td>pH paper
pH meter</td></tr>
<tr><td>크렌즈 액티브</td><td>초산, 과산화수소, 과산화초산, 1-비스포스포닉산</td><td>두유제조 설비</td><td>〃</td></tr>
<tr><td>PHMB-A</td><td>과산화수소, 초산</td><td>배관, 기계표면</td><td>〃</td></tr>
<tr><td>알펫ES</td><td>에탄올</td><td>손 소독</td><td>자연증발</td></tr>
</table>
[관련자료] OHP, CIP점검표, 해당 MSDS</td><td>예</td></tr>
</table>

6. 포장

심사항목	평가	예/개선/ 아니오/ 해당 없음
(1) 포장재는 재활용되었거나 재활용할 수 있는 것인가?	○ 재활용이 가능한 폴리프로필렌(용기) /NY+PE(리드지)를 사용하고 있었음. - 신청된 2품목의 포장재에는 분리배출마크가 부착되어 있으며, 생산 중에 부적합 발생 시 폐기하고 있었음. (현장사진 자료9 참조)	예
(2) 포장재가 허용되지 않은 물질을 함유하였거나 접촉하지 아니하였다는 것을 문서로 확인할 수 있는가?	○ 포장재시험성적서로 확인하였음(적합) - 두부용기: 재질-PP - 접수일자: 2014.01.13. - 분석기관: 한국건설생활환경시험연구원 (CT11-02022, 2014.01.20.) - 리드지 : 재질-PE(내부) - 접수일자: 2014.01.13. - 분석기관: 한국건설생활환경시험연구원 (CT11-02021, 2014.01.20.)	예
(3) 합성살균제, 방부제, 훈증제 등 금지된 물질이 포장재, 용기, 저장고에 사용되지 않았는가?	○ 시설관찰 결과 합성살균제, 방부제 등 금지된 물질이 포장재보관창고에 사용되지 않았음. [관련자료] 작업장 청소점검 기록서로 확인(물청소)	예
(4) 재활용된 자재 또는 용기는 기준에 적합하였는가?	○ 재활용하지 않으므로 해당사항 없음.	해당 없음
(5) 표시 또는 표시물의 기재사항은 기준에 적합한가?	○ 유기가공인증마크, 인증번호, 인증기관 등 이 표시기준에 적합하게 표시하고 있었음. [관련자료] 포장재 표시	예

7. 원료 및 제품의 수송

심사항목	평가	예/개선/ 아니오/ 해당 없음
(1) 사업자는 환경에 미치는 악영향을 최소화할 수 있는 수송방법을 선택하였는가?	○ 원료는 공급업체에서 직접 운송하였음. ○ 제품운송은 자사 냉장차로 운송되며, 냉장차 앞부분에 공기저항 저감장치를 부착하여 이산화탄소 등 배출물질을 최소화하고 있었음. [관련자료] 운송일지, 원료수불 ERP자료 확인.	예
(2) 수송 장비와 운반용기를 세척, 소독할 때 허용되지 않은 물질을 사용하지 않았는가?	○ 수송차량은 물과 빗자루로 청소하였음. ○ 운반용기는 박스세척기를 사용하여 먹는물로 발생시킨 스팀을 이용해 세척하였음. [관련자료] 작업장 청소점검기록서 확인	예

심사항목	평가	예/개선/ 아니오/ 해당 없음
(3) 수송 과정에서 유기식품이 허용되지 않은 물질이나 관행식품과 접촉 또는 혼합되지 않도록 명백히 구분하여 취급하였는가?	○ 원료운반 시 25kg 지대포장을 32포 적재한 파렛(Wrapping처리)으로 운반되고 있었음. ○ 유기제품은 일반제품과 제품명 및 포장디자인이 다르므로 혼입의 우려가 없다고 판단되었음. [관련자료] 운송일지, 현장 확인	예

8. 기록 및 접근 보장

심사항목	평가	예/개선/ 아니오/ 해당 없음
(1) 사업자는 유기식품의 취급 전반에 관한 기록을 작성하고 있는가? 기록한 자료는 3년 이상 보존하고 있는가?	○ 유기가공식품 생산시작일 이후 기록을 관리하고 있으며, 기록 보존기간은 자체규정(유기가공시스템매뉴얼)에 3년으로 규정하여 보존할 수 있도록 하고 있었음. - 유기가공시스템 매뉴얼에 따라 관련양식에 의거 관리되고 있었음. - 유기취급계획서에 근거해 관련 자료를 작성함.	예
(2) 유기취급계획은 가공 및 유통을 포함하는 전체 관리 시스템을 다루고 있는가?	○ 유기가공시스템 매뉴얼(2008.12.15 제정)에 따라 전체 시스템이 관리되고 있었음. 1. 조직도 및 인수인계 2. 시설현황 3. 원료(ERP전산등록) 및 배합비 4. 제조공정도 5. 위생관리 6. 방서, 방충 7. 추적관리 8. 클레임처리 프로세스 9. 격부 규정	예
(3) 표본추적 결과 이력추적이 가능하였는가?	○ 추적 가능하였음. **※ 표본추적 결과 별첨**	예
(4) 대조감사 결과 투입과 산출량이 균형을 이루고 있는가?	○ 균형을 이루고 있었음. **※ 대조감사 결과 별첨**	예
(5) 가공, 포장, 저장, 운송, 판매, 기타 취급에 관한 관리지침이 문서화되어 보존되고 있는가?	○ 회사 자체적으로 유기가공시스템 매뉴얼을 갖고 있으며, 문서의 내역은 아래와 같았음. - 원료(ERP전산등록) 및 제품에 대한 추적시스템을 운영하고 있었음. - 원료입고: 로트번호 체계(GR-F-R-O) - 가공: 작업일지, CIP일지, CCP일지 등 - 제품(재고일지): 포장지 GAP번호(1234) - 비규격제품 관리일지 - 기타 유기가공시스템 매뉴얼에 따른 문서들이 보존되고 있었음.	예
(6) 모든 기록 및 관련된 현장에 아무런 제한 없이 접근할 수 있는가?	○ 모든 기록과 장소를 담당자의 안내에 따라 제한 없이 접근할 수 있었으며, 사진촬영도 하였음 - 모든 출입문은 보안키로 관리되고 있었음.	예

o 기타 참고사항

3. 별첨 자료

[별첨 1] 유기원료 비율 계산서

계산기준

※ 유기원료 비율의 계산법 [규칙 별표3 4. 나.목 2) / 고시 별표1 나.목 5) 관련]

$$\frac{I_o}{G-WS} = \frac{I_o}{I_o+I_c+I_a} \geq 0.95$$

G : 제품(포장재, 용기 제외)의 중량 ($G \equiv I_o+I_c+I_a+WS$)

I_o : 유기원료[유기농(축)산물+유기가공식품]의 중량

I_c : 비유기 원료(유기인증 표시가 없는 원료)의 중량

I_a : 비유기 식품첨가물(가공보조제 제외)의 중량

WS : 물과 소금의 중량

가. 원료별로 단위가 달라 중량과 부피가 병존하는 때에는 최종 제품의 단위로 통일하여 계산한다.

나. 유기가공식품인증을 받은 식품첨가물은 유기원료에 포함시켜 계산한다.

다. 계산 시 제외되는 물과 소금은 의도적으로 투입되는 것에 한하며, 가공되지 않은 원료에 원래 포함되어 있는 물과 소금은 포함한다.

라. 농축, 희석 등 가공된 원료 또는 첨가물은 가공 이전의 상태로 환원한 중량 또는 부피로 계산한다.

마. 비유기 원료 또는 식품첨가물이 포함된 유기가공식품을 원료로 사용하였을 때에는 해당 가공식품 중의 유기 비율만큼만 유기원료로 인정하여 계산한다.

계산결과

1. 원부재료(첨가물 포함) 성분 배합비: 작업일지(2014.10.14)
   유기농두부 부침용 : 유기농대두분 100%

2. 원부재료별 유기원료 및 비유기원료 구분 백분율
   대두 267kg, 응고제(염화마그네슘55%, 미강유 40%, 올리브유 5%) 12.8kg(투입하여 266kg 생산(340g x 782모 생산)
   - 유기대두분말 95.4%, 응고제 4.6%

3. 계산식에 따른 계산결과
   o 〔267kg(유기대두분말) 〕/〔267kg(유기대두분말) + 5.76kg(혼합올리브유)〕 x 100
   = **97.8%(유기)**
   - 응고제에는 현미유 40%, 올리브유가 5%함유되어 있으므로 제품에 잔류하는 것으로 평가하였음.
   ※ 유기농두부 찌개용 및 유기농투컵두부 찌개부침겸용은 유기농두부 부침용과 원료투입비율이 동일하므로 계산과정 생략함.

[별첨 2] 표본의 추적 결과 보고서

1. 표본 선정내용

- 제품명 : 유기농두부 부침용(340g)
- 제조일자 및 로트번호 : 2014. 11. 15. 37116
- 유통기한 : 2014. 11. 24(제조일로부터 10일)
- 포장재 및 포장형태 : PP(용기)/PE(리드지)
- 표본 선정장소 및 시간 : 냉장창고, 2014. 11. 16. 14:00시

추적 결과

1. 해당 제품 포장일자 및 작업시간: 제품로트번호 43942(FTBS식품이력관리시스템)
 o 포장일자 및 작업시간: 2011.02.14, 16:30
2. 해당 제품의 반가공 일시 및 사용 제조설비
 o 반가공일시: 2014. 11. 14, 16:00
 o 생산설비: 혼합기, 마쇄기, 자숙기, 응고 및 성형기 등

3. 해당 제품의 반제품 생산을 위한 원부재료 배합시간 및 단위 배합량
 o 원부재료 배합시간: 2014. 11. 14, 16:00 : 작업일지(2011. 11. 14)
 o 단위배합량:
   - 유기대두분말: 267kg
   - 응고제 : 12.8kg
   - 제품 생산량 266kg(340g x 782모)

4. 해당 제품의 반제품 배합에 투입된 원부재료의 입고 로트번호, 입고일자, 공급업체 등

원부재료	입고일자	입고량	공급업체	로트번호
유기대두 분말	2014. 10. 07	23톤	MARA Global Foods PTY LTD (00-8-21) / 2014. 8. 20, GGG인증원	- 17120(공급자로트번호) - 입고일자(회사관리번호)
응고제	2014. 11. 10	260kg	태진지엔에스	2014.11.10(입고일)

5. 결과 : 추적 가능하였음

[별첨 3] 대조감사 결과 보고서

1. 대조감사 대상제품 선정내용

- 분석대상기간: 2013. 11. 01 - 2014. 10. 31(1년)

대조감사 결과

1. 투입-산출분석결과 / 2. 평가

제품명	품목재조보고 변경전			품목재조보고 변경후('13. 8. 1)		
	유기농두부 단단한 부침용	유기농두부 부드러운 찌개용	유기농 투컵두부찌개, 부침겸용	유기농두부 부침용	유기농두부 찌개용	유기컵두부찌개, 부침겸용
O 총투입량(A)	126,886kg	175,944kg	22,619kg	**86,961kg**	**91,661kg**	**3,207kg**
- 유기대두	126,886kg	175,944kg	22,619kg	-	-	
-유기대두분	-	-	-	**86,961kg**	**91,661kg**	**3,207kg**
- 응고제A[1]	(7,100kg)	(8,445kg)	(1,086kg)	-	-	-
- 응고제B[2]	-	-	-	**(4,174kg)**	**(4,400kg)**	**(153.9kg)**
O 총생산량(B)	364.942kg	524,879kg	55,707kg	**238,456kg**	**253,372kg**	**8,948kg**
O 수율 경험값	280±10%	300±10%	240±10%	**270±10%**	**280±10%**	**270±10%**
O 투입-산출비율 (B/A X 100)	287.6%	298.3%	246.3%	274.2%	276.4%	279.0%
2. 평 가	투입-산출비율이 수율의 경험값에 근사함	투입-산출비율이 수율의 경험값에 근사함	투입-산출비율이 수율의 경험값에 근사함	투입-산출비율이 수율의 경험값에 근사함	투입-산출비율이 수율의 경험값에 근사함	투입-산출비율이 수율의 경험값에 근사함

주 : 1) 해수조제염화마그네슘+올리브유+식물성유지
2) 해수조제염화마그네슘+올리브유+현미유

※ 투입된 응고제는 성형과정에서 제거되고 고형분만 일부 남게 됨.

[별첨 4] 시작 및 종결 회의 서명: 생략

4. 심사보고 요약

접수번호 :

조항 번호	범 위	적합	개선	부적합	개선 및 부적합 사항
1	일반요건	적합			없음
2	가공원료	적합			없음
3	가공방법	적합			없음
			개선		여과망(부직포)에 대한 자료 없음-요청함
4	해충 및 병원균 관리	적합			없음
5	세척 및 소독	적합			없음
6	포장	적합			없음
7	유기원료 및 유기가공식품의 수송 및 운반	적합			없음
8	기록 · 문서화 및 접근보장	적합			없음

※ '부적합 사항'에는 인증기준에 부적합한 사항을 요약하여 기록하고, '변경 또는 불일치 사항', 부족한 정보'가 있으면 함께 기술하시오.

ㅇ 시료채취 (해당되는 경우): 없음
- 채취 사유:
- 채취 장소:
- 시료 내용 및 양:

심사 종료일	신청자 측 담당자 서명	심사원 서명
000	000	000

3.3.1.1. 두부(간편 안)

※ 본 샘플 보고서는 E인증기관의 서식[간편양식]에 맞춰 작성된 것임.

유기가공식품 심사내역서

1. 신청인

신청자 성명 : (주)00000(대표 홍길동)
사업장 주소 : 000 000
품 목 : 유기농 맛두부
신 청 종 류 : ■ 신규신청 □ 갱신 신청 □ 인증품 유효기간 연장신청

가. 친환경농축 또는 유기식품 등의 인증을 받은 사실이 있는지?

□ 있음 ■ 없음

나. 인증과 관련하여 법 규정(부정행위 금지)을 위반하여 벌금이상의 형을 선고 받은 사실이 있는지?(집행유예 선고를 포함함)

□ 있음 ■ 없음

다. 인증이 취소되었거나 인증표시의 제거.정지 또는 인증품의 판매금지 명령을 받은 사실이 있는지?

□ 있음 ■ 없음

라. 친환경농산물 인증을 신청하여 부적합 통보를 받은 사실이 있는지?

□ 있음 ■ 없음

2. 심사결과 요약

관찰 및 권고사항 : - 위생관리 등 관리시스템이 양호하게 되어 있었음. - 세척일지 작성을 권고함. - 거래명세서의 공급자 명시를 확인하도록 권고함.

인증심사결과를 위와 같이 보고합니다.

2014 년 0 월 0 일

1) 심 사 기 간 : 2014 . 00 . 00

2) 심사원 성명 전 남 대 (인)

3. 세부항목표

심사사항	심사사항명	평가	예/ 아니오
일반요건	<요약보고의 평가자의견>	현장 심사 결과 인증 신청서 상의 모든 정보가 실제와 일치함을 확인하였음.	예
	1) 시설도면, 제조공정도, 제품명세 등 인증신청서 상의 모든 정보가 실제와 일치하는가?	현장 심사 결과 인증 신청서 상의 모든 정보가 실제와 일치함을 확인하였음.	예
	2) 유기취급계획이 계획대로 실행되고 있는가?	현장심사 결과 유기취급계획이 계획대로 실행되고 있음을 확인하였음.	예
	3) 가공 및 취급 전반에 걸쳐 토양의 오염이 최소화되도록 조치하고 있는가?	가공과정에서 금지된 물질의 사용이 없었으며, 공정 중에서 나오는 부산물인 비지는 사료공장(하이피드)으로 보내져 토양오염 우려를 최소화하고 있었음. <비지공급계약서 첨부>	예
	4) 가공 및 취급 전반에 걸쳐 대기의 오염이 최소화되도록 조치하고 있는가?	관류형 소형 보일러 사용으로 대기 오염이 최소화되도록 조치하고 있었음.	예
	5) 가공 및 취급 전반에 걸쳐 물의 오염이 최소화되도록 조치하고 있는가?	폐수처리장을 운영하여 물의 오염이 최소화되도록 하고 있었음. <2014.0.0. 처리수 분석결과서 첨부>	예
	6) 금지된 물질 및 방법으로부터 유기식품을 보호하기 위해 격리 및 충분한 예방 조치를 취하고 있는가?	금지된 물질 및 방법의 사용이 없었음.	예
	7) 종업원들이 유기취급계획에 대해 훈련 받고 있는가?	정기적으로 유기취급에 대한 교육을 진행하고 있었음. <2014.00.00. 교육훈련일지첨부>	예
	8) 종업원들은 유기 인증기준에 대하여 종합적으로 이해하고 있는가?	직원(000)과 면담하여 인증기준에 대하여 종합적으로 이해하고 있음을 확인하였음.	예
	9) 사업자는 유기 인증기준에 대하여 종합적으로 이해하고 있는가?	대표(홍길동)와 인터뷰한 결과 종합적으로 이해하고 있음을 확인하였음.	예
가공원료	<요약보고의 평가자의견>	사용된 염화마그네슘과 키토산은 허용된 물질이었으며 두부 응고 등 공정을 위해 그 사용이 불가피하였고 최소량만 사용되었음.	예
	1) 모든 원료에 대한 유기인증서 또는 유기적으로 생산 및 취급되었다는 것을 증빙하는 자료가 있는가?	사용된 유기농콩에 대해서는 유기인증서를 확인하고 첨부하였음.<00-00-1-0 첨부>	예

심사사항	심사사항명	평가	예/아니오
	2) 비유기 원료가 사용된 경우 불가피하였는가? 유기원료를 구하기 위해 어떠한 노력을 하였는가?	응고제로 사용된 #####는 염화마그네슘으로 허용된 물질이었으며 키토산과 천일염은 천연물질로서 유기원료를 구할 수 없음으로 확인하였음.	예
	3) 비유기 원료가 사용된 경우 물과 소금을 제외한 제품 중량에 대한 비유기 원료의 중량 비율이 5% 이하였는가?	사용된 맛두부순과 키토산은 합계 1%로서 비유기 원료의 중량 비율은 5%이하로 적합하였음.	예
	4) 사업자는 비유전자변형 확인서 등 유전자변형이 아님을 증빙할 수 있는 자료를 가지고 있었는가?	유기 인증서 첨부하였음.	예
	5) 수질검사성적서가 있었는가?검사결과는 먹는 물 기준에 적합하였는가?	사용된 지하수에 대한 수질검사 결과 적합성적서 첨부하였음. <2014.0.0. 시험성적서 첨부>	예
	6) 소금이 식품기준에 적합하였는가?	소금은 국산천일염으로 식품기준에 적합하였으며 원산지증명서와 시험성적서 첨부하였음. <2014.0.0. 시험성적서 등 첨부>	예
	7) 미생물 제제가 사용된 경우, 그것이 유전자변형 미생물에서 유래된 것이 아님을 증빙하는 자료가 있었는가?	미생물 제제 사용이 없으므로 해당사항 없음.	예
	8) 첨가물 또는 가공보조제가 사용된 경우,사용된 물질이 허용된 것인가? 그 사용이 불가피하였는가? 최소량만 사용하였는가?	사용된 염화마그네슘과 키토산은 허용된 물질이었으며 두부 응고 등 공정을 위해 그 사용이 불가피하였고 최소량만 사용되었음.	예
가공방법	<요약보고의 평가자 의견>	원료(콩)세척-침지-마쇄-여과-가열-응고-압착-성형-포장-출고의 물리적인 방법만을 사용하고 있었음.	예
	1) 가공방법은 허용된 방법만을 사용하였는가?	원료(콩)세척-침지-마쇄-여과-가열-응고-압착-성형-포장-출고의 물리적인 방법만을 사용하고 있었음.	예
	2) 유기식품에 관한 모든 가공 및 취급 과정에서 방사선이 사용되지 않았는가?	방사선사용이 없었음.	예
	3) 추출을 위해서 허용된 물질만을 사용하였는가?	추출 과정이 없으므로 해당사항이 없음.	예
	4) 여과를 위해 환경에 부정적 영향을 미칠 수 있는 물질이나 기술을 사용하지 않았는가?	1차 여과에 사용된 스테인리스 여과기와 2차 여과에 사용된 면보자기 모두 환경에 부정적 영향은 없는 물질들임.	예

심사사항	심사사항명	평가	예/아니오
	5) 저장을 위해 사용된 방법은 기준에 적합한가?	원료 및 완제품은 냉장 저장으로 기준에 적합함.	예
해충 및 병원균 관리	<요약보고의 평가자의견>	청결관리, 방충망, 에어샤워, 비닐커튼 등의 예방적 방법을 우선적으로 적용하고 있었으며 포충등을 사용하고 있었음.	예
	1) 해충과 병원균의 관리를 위해 화학 요법이나 방사선 요법이 사용되지 않았는가?	화학 요법이나 방사선 요법이 사용되지 않았으며 대신 방충망, 에어샤워, 비닐커튼 등의 예방적인 방법을 우선하고 있었음.	예
	2) 해충 관리를 위해 허용된 방법을 순차적으로 적용하였는가?	청결관리, 방충망, 에어샤워, 비닐커튼 등의 예방적 방법을 우선적으로 적용하고 있었으며 포충등을 사용하고 있었음.	예
	3) 해충과 병원균 관리를 위해 장비와 시설에 허용되지 않은 물질을 사용하지 않았는가?	허용되지 않은 물질의 사용이 없었음.	예
	4) 허용되지 않은 물질이나 방법으로부터 유기식품을 보호하기 위해 격리 및 충분한 예방조치가 취해졌는가?	허용되지 않은 물질의 사용이 없었음.	예
세척 및 소독	<요약보고의 평가자의견>	운반용 기구 등은 수산화나트륨을 세척제로 사용한 후 물로 5번 헹구어내고 24시간 침수한 후 리트머스지로 확인하여 잔류되지 않도록 조치하고 있었음.	예
	1) 세척, 살균, 소독에 사용된 물질이 유기식품에 잔류하지 않도록 조치하였는가?	운반용 기구 등은 수산화나트륨을 세척제로 사용한 후 물로 5번 헹구어내고 24시간 침수한 후 리트머스지로 확인하여 잔류되지 않도록 조치하고 있었음.	예
	2) 사업자는 허용되지 않은 물질, 해충, 병원균, 기타 이물질로부터 유기식품을 보호하기 위하여 예방조치를 취하였는가?	해충은 예방적, 물리적 방법을 우선시하며, 개인위생 등을 통하여 예방조치를 취하고 있었음.	예
	3) 세척 또는 소독에 사용된 물질은 먹는 물 또는 허용된 가공보조제 외에는 없는가?	원료의 세척은 먹는 물로만 실시하고 있었음.	예

심사사항	심사사항명	평가	예/아니오
	4) 세척제, 살균제, 소독제를 사용한 경우, 유기적 순수성이 훼손되지 않도록 조치하였는가?	세척제로 사용된 수산화나트륨은 첨가물로 허용된 물질이며 세척후 잔류되지 않도록 조치하고 있었음.	예
포장	<요약보고의 평가자의견>	포장재는 재활용이 가능하며 적합성적서를 첨부하였음.	예
	1) 포장재는 재활용되었거나 재활용할 수 있는 것인가?	포장재로는 PP와 PE재질이 사용되고 있었으며 재활용 가능함을 확인하였음.	예
	2) 포장재가 허용되지 않은 물질을 함유 하였거나 접촉하지 아니하였다는 것을 문서로 확인할 수 있는가?	포장재 적합 성적서 첨부하였음. <2014.0.0. 검사성적서 첨부>	예
	3) 합성살균제, 방부제 훈증제 등 금지된 물질이 포장재, 유기, 저장고에 사용되지 않았는가?	금지된 물질의 사용이 없었음.	예
	4) 재활용된 자재 또는 용기는 기준에 적합하였는가?	재활용 자재 및 용기는 기준에 적합하게 관리되고 있었음.	예
	5) 표시 또는 표시물의 기재사항은 기준에 적합한가?	최초 인증으로 해당사항 없음.	예
원료 및 제품의 수송	<요약보고의 평가자의견>	유기원료의 수송은 40kg 마대에 유기표시하여 수송함으로 관행식품과 혼입되지 않도록 구분 조치되고 있었음.	예
	1) 사업자는 환경에 미치는 악영향을 최소화할 수 있는 수송방법을 선택하였는가?	원료 산지는 가공공장과 가까운 경기도와 충청북도로서 원료의 수송으로 인한 환경에 미치는 악영향은 최소화되고 있었음.	예
	2) 수송장비와 운반용기를 세척, 소독할때 허용되지 않은 물질을 사용하지 않았는가?	물 세척만 하고 있었음.	예
	3) 수송 과정에서 유기식품이 허용되지 않은 물질이나 관행식품과 접촉 또는 혼합되지 않도록 명백히 구분하여 취급하였는가?	유기원료의 수송은 40kg 마대에 유기표시하여 수송함으로 관행식품과 혼입되지 않도록 구분 조치하고 있었음.	예
기록 및 접근	<요약보고의 평가자의견>	2014.0.0 제조된 우리콩참두부를 추적감사한 결과 2014.0.0일에 인증농가인 ☆☆☆유기농에서 입고되었음을 확인할 수 있었음.	예
	1) 사업자는 유기식품의 취급 전반에 관한 기록을 작성하고 있는가? 기록한 자료는 3년 이상 보존하고 있는가?	취급전반에 관한 자료들을 기록 및 보존하고 있으며 기록한 자료는 3년 이상 보존하기로 하였음.	예

심사사항	심사사항명	평가	예/아니오
	2) 유기취급계획은 가공 및 유통을 포함하는 전체 관리 시스템을 다루고 있는가?	전체 관리 시스템을 다루고 있었음.	예
	3) 표본추적 결과 이력추적이 가능하였는가?	2014.0.0 제조된 우리콩맛두부를 추적감사한 결과 2014.0.0일에 인증농가인 ☆☆☆유기농에서 입고되었음을 확인할 수 있었음.	예
	4) 대조감사 결과 투입과 산출량이 균형을 이루고 있는가?	2014.0.0 제조된 우리콩참두부를 대조감사한 결과 수율 295%로 균형을 이루고 있음을 확인할 수 있었음.	예
	5) 가공,포장,저장,운송,판매 기타 취급에 관한 관리 지침이 문서화되어 보존되고 있는가?	취급에 관한 관리지침이 문서화되어 보존되고 있었음.	예
	6) 모든 기록 및 관련된 현장에 아무런 제한 없이 접근할 수 있는가?	모든기록 및 현장에 아무런 제한 없이 접근할 수 있었음.	예

☆ 현장사진 및 기타 별첨: 생략(표준[안] 참조)

3.3.2. 청국장

※ 본 샘플 보고서는 C인증기관의 서식에 맞춰 작성된 것임.

심사보고서 (가공)

<table>
<tr><td colspan="2">o 접수번호 :</td></tr>
<tr><td>o 사업자명 : 0000

o 대표자명 : 0000

o 소 재 지 : 0000</td><td>o 사업장명 : 0000

o 소 재 지 : 0000

o 품 목 명 : 유기청국장</td></tr>
<tr><td colspan="2">o 심사소요시간 : 총 10시간
- 서류검토 7월 1일 10시 ~ 7월 1일 12시 (2시간)
- 현장심사 7월 2일 9시 00분 ~ 7월 2일 13시 (4시간)
- 보고서작성 7월 2일 14시 ~ 7월 2일 16시 (2시간)
- 이동(왕복) 7월 2일 8시 00분 ~ 7월 2일 9시 00분 (1시간)
7월 2일 16시 00분 ~ 7월 2일 17시 00분 (1시간)</td></tr>
</table>

심사유형	인증기관으로부터 전달받은 문서
■ 최초 심사 ☐ 정기 심사 ☐ 추가 심사 ☐ 불시 심사	☐ 식품품목제조보고서 사본 ■ 유기취급계획서 ☐ 원료 및 첨가물이 기준에 적합하다는 것을 증명하는 서류 ■ 생산시설 도면 ■ 품목별 제조공정도 ☐ 제품명세서 ☐ 기타 :

1.가. 일반요건	평 가	예/ 아니오
(1) 시설도면, 제조공정도, 제품명세 등 인증신청서 상의 모든 정보가 실제와 일치하는가?	- 시설도면에서 가공공장 및 설비의 배치도는 일치하였으나, '완제품보관창고'에 대한 정보가 누락되어 있었음. 【'보관창고' 사진 첨부】 - 시설도면에서 '가공실' 내 식염보관위치를 지정하고 있었으나, 심사 당일 현장 검사시 '보일러실'에 적재되어 있었음. 【식염보관 불일치 사항 사진 첨부】 - 시설도면에서 '자재보관창고'는 현장 확인시 '작업도구보관실'로 표기되어 있었으며 포장재 및 물품 보관장소로 이용되고 있었음. 【'자재보관창고' 사진 첨부】 - 제조공정도는 내용과 일치하고 이에 따라 실행하고 있음을 확인하였음. 【 식품품목제조보고서, 원료 및 첨가물이 기준에 적합하다는 서류 및 제품명세서 첨부】	아니오
(2) 유기취급계획이 계획대로 실행되고 있는가?	- 유기취급계획서(OHP) '1.가.1.'에서는 1일 제조량을 70kg으로 기술하고 있으나, '생산내역대장' 확인 시 매일 생산하지 않으며 수요에 따라 최소 5kg에서부터 최대 70kg까지 가변적이었음.(OHP 작성자는 최대생산량에 대한 내용으로 오해하고 기술한 것으로 소명하였음.) - OHP '2.나.2.'에서는 기술되어 있지 않은 3종의 합성세제가 '작업장'에서 발견되었음. - OHP '2.나.2.'에서는 대상설비(13호, 14호)가 세척소독제를 이용하여 세척하는 것으로 기술되어 있으나, 사용하고 있지 않았음. - OHP '2.다.1'에서는 포장재질을 PE로만 기술하였으나, 내포장재(랩:PVC)과 외포장재(진공포장지:PE)로 2중 포장하고 있었음.	아니오
(3) 가공 및 취급 전반에 걸쳐 토양의 오염이 최소화되도록 조치하고 있는가?	- 가공 및 취급 과정 중 발생하는 폐기 청국장과 원료는 소의 먹이로 사용하고 있었음. - 가공공장 주변에 사업자(000)가 직접 유기농축산물을 함께 관리하고 있고, 제조공정과 작업장 내 바닥청소 후 발생되는 폐수는 자체정화조로 모아져 토양오염을 최소화하고 있었음.	예
(4) 가공 및 취급 전반에 걸쳐 대기의 오염이 최소화되도록 조치하고 있는가?	- 콩을 삶은 가마솥의 열원으로 장작과 LPG를 이용하여 대기 오염을 최소화하고 있었음.	예

(5) 가공 및 취급 전반에 걸쳐 물의 오염이 최소화되도록 조치하고 있는가?	- 제조공정 중 발생되는 폐수는 자체정화조로 모아져 일괄처리하고 있었음.	예
(6) 금지된 물질 및 방법으로부터 유기식품을 보호하기 위해 격리 및 충분한 예방 조치를 취하고 있는가?	- '곡물보관저온저장고'과 '가공실'등에 비유기원료나 화학물질 등의 혼입 우려는 없는 것으로 판단됨.	예
(7) 작업자들이 유기취급계획에 대해 훈련 받고 있는가?	- 작업자와 사업자가 OHP를 직접 작성한 것으로 이에 대한 훈련이 이루어진 것으로 봄.	예
(8) 작업자들은 유기 인증기준에 대하여 종합적으로 이해하고 있는가?	- 유기인증기준에 대한 이해는 다소 부족하였으나, 홍길동 대표의 주도하에 모든 작업이 이루어지고 있어 유기취급의 개념은 이해하고 있는 것으로 판단됨.	예
(9) 사업자는 유기 인증기준에 대하여 종합적으로 이해하고 있는가?	- 000 대표와의 면담 결과, 유기인증기준에 대해 종합적인 이해는 하고 있으나, 세부내용(세척소독제)에 대한 이해는 다소 미흡하였음. - 000 대표는 87년부터 한국유기농협회 회원으로 활동하면서 관련 교육을 꾸준히 받고 있었음.	예

1.나. 가공원료	평 가	예/ 아니오
(1) 모든 원료에 대한 유기인증서 또는 유기적으로 생산 및 취급되었다는 것을 증빙하는 자료가 있었는가?	- 원료(소금과 물 제외)는 '유기농 콩(백태)'만을 사용하며, 이에 대한 증명자료를 확인하였음. 【000(사업자):친환경농산물인증서(10-29-1-26), @@@ : 친환경농산물인증서(제14-04-1-30), ### : 친환경농산물인증서(제2-1-29호) 및 관련 자료 첨부】	예
(2) 비유기 원료가 사용된 경우 불가피하였는가? 유기원료를 구하기 위해 어떠한 노력을 하였는가?	- 소금과 물 이외의 비유기 원료는 사용하고 있지 않은바 해당사항 없음.	-
(3) 비유기 원료가 사용된 경우 물과 소금을 제외한 제품 중량에 대한 비유기 원료의 중량 비율이 5퍼센트 이하였는가?	- 유기원료 100% 제품임 **※ 다음 페이지에 계산 과정을 작성하시오.**	예
(4) 사업자는 비유전자변형 확인서 등 유전자변형이 아님을 증빙할 수 있는 자료를 가지고 있었는가?	- 친환경농산물인증서(유기농산물)를 비유전자변형 확인서로 갈음할 수 있음. - 「친환경농어업 육성 및 유기식품 등의 관리 · 지원에 관한 법률 시행령」 제9조의 '[별표3] 인증기준'에 유기농림산물은 유전자변형농산물(종자)의 사용을 금지하고 있음. 【친환경농산물인증서 첨부】	예

(5) 수질검사성적서가 있었는가? 검사결과는 먹는 물 기준에 맞는가?	- 용수원(지하 암반수 마을 간이상수도)의 수질 검사 결과, 먹는 물 기준에 적합하였음.(09년 2월 17일) 【수질검사성적서(유림엔마텍(주)부설 환경위생연구소) 첨부】	예
(6) 소금이 식품기준에 맞는가?	- 소금[(주)한주, 한주소금(정제소금)] 검사 결과, 『식품위생법』에 적합하였음.(09년 1월 16일) 【자가품질성적서(한국생활환경시험연구원)첨부】	예
(7) 미생물 제제가 사용된 경우, 그것이 유전자변형 미생물에서 유래된 것이 아님을 증빙하는 자료가 있었는가?	- 미생물 제제를 사용하고 있지 않는 바, 해당사항 없음.	-
(8) 첨가물 또는 가공보조제가 사용된 경우, 사용된 물질이 허용된 것인가? 그 사용이 불가피하였는가? 최소량만을 사용하였는가?	- 첨가물 및 가공보조제를 사용하고 있지 않는 바, 해당사항 없음.	-

1.다. 가공방법	평 가	예/아니오
(1) 가공방법은 허용된 방법만을 사용하였는가?	- 전통적인 가공방법(콩 선별, 세척 및 삶기, 자연접종, 발효숙성, 파쇄, 식염첨가 등)으로 기계적, 물리적, 생물학적 방법을 이용하고 있으며, 최종 생산물의 유기적 순수성이 유지되고 있는 것으로 판단됨. 【품목별 제조공정도 첨부】	예
(2) 유기식품에 관한 모든 가공 및 취급 과정에서 방사선이 사용되지 않았는가?	- 현장 검사시 모든 가공 및 취급 과정에서 방사선조사 처리에 필요한 시설 및 설비를 찾아볼 수 없었음.	예
(3) 추출을 위해서 허용된 물질만을 사용하였는가?	- 추출 공정이 없는 바, 해당사항 없음.	-
(4) 여과를 위해 환경에 부정적 영향을 미칠 수 있는 물질이나 기술을 사용하지 않았는가?	- 여과 공정이 없는 바, 해당사항 없음.	-
(5) 저장을 위해 사용된 방법은 기준에 적합한가?	- 최종 제품은 포장 후 '완제품보관창고(냉장창고)'에 보관하며, 유기와 비유기가 표기되어 있지 않으나, 구분 관리하는데 무리가 없는 것으로 판단됨. 【완제품보관창고 내부사진 첨부】	예

ㅇ 유기원료 투입비율 계산 과정
- 제품명 : 유기농 청국장
- 성분배합비 : 백태 93.5 %(유기인증, 국내산), 소금 6.5 %(KS인증)
- 중량 : 300 g

- 생산내역대장의 전산기록으로 현장에서 확인, 계산함. - 전산다운

1. 제품별/고객유형별 판매현황
   청국장 2014년 7월 1일 300g 노른쇼핑
2. 생산내역대장
   2014년 6월 16일

원료	입고일자	사용량	생산자	인증번호
콩	2014년 0월 0일	30kg	000	00-1-10
소금	2013년 0월 0일	2.1kg	(주)한주	FF09-00139

- 계산 : 유기원료 함량(%) = $\frac{30\text{kg(유기원료량)}}{30\text{kg(물과소금을제외한총투입량)}} \times 100 = 100$

2.가. 해충 및 병원균 관리	평 가	예/아니오
(1) 해충과 병원균의 관리를 위해 화학적인 방법 및 방사선 조사 방법이 사용되지 않았는가?	- 현장 검사 결과 예방적, 기계적 및 물리적 방법을 이용하여 해충과 병원균을 관리하고 있으며 허용된 방제물질, 화학적인 방법 및 방사선 조사 방법은 사용하지 않았음.	예
(2) 해충 관리를 위해 허용된 방법을 차례로 적용하였는가?	- 현장 검사 결과 예방적 방법인 방충망(출입문, 환풍기, 창문틀)을 이용하고 있으며, 바닥 청소는 잘되어 있으나, 포장실 천장벽 쪽에 거미줄이 있었음. - 예방적 방법으로 미흡한 점은 기계적, 물리적 방법인 유인등, 해충포획기, 퇴치기(해충,서류,조류), 끈끈이, 덫을 이용하여 관리하고 있었음. - 화학적 방법은 아직 적용하고 있지 않았음.	예
(3) 해충과 병원균 관리를 위해 장비와 시설에 금지된 물질을 사용하지 않았는가?	- 현장 검사와 면담 결과, 해충과 병원균 관리를 위해 금지된 화학물질은 사용하고 있지 않았음.	예
(4) 금지된 물질이나 방법으로부터 유기식품을 보호하기 위해 격리 및 충분한 예방조치가 취해졌는가?	- 금지된 물질을 사용하고 있지 않아 유기식품에 접촉과 혼입으로 인한 유기적 순수성을 훼손하지는 않을 것으로 판단됨. - 원료 및 제품이 각각의 창고에 보관되어 있어 금지된 물질로부터 충분한 예방조치를 취했다고 판단됨.	예

2.나. 세척, 소독	평 가	예/아니오
(1) 세척, 살균, 소독에 사용된 물질이 유기식품에 잔류하지 않도록 조치하였는가?	- 원료 운반 장비 및 가공 시설에는 에어 및 물만을 이용하고 있어 화학물질 등이 잔류할 가능성은 없는 것으로 판단됨. - OHP '2.나.2.'에 기술되지 않은 3종의 세제(슈가버블살	예

	균세척제, 슈가버블세제, 홈스타유리용)가 '작업장'에서 발견되었고 작업 후 간헐적으로 바닥 및 유리창에 사용되고 있었으나, 유기식품에 잔류가능성은 없는 것으로 판단됨. - 작업장 내 '손살균세정설비'가 비치되어 있었으나, 사업자(작업자)가 살균소독제로 분사되는 물질에 대한 성분과 정보를 모르고 있었음.	
(2) 사업자는 금지된 물질, 해충, 병원균, 그 밖의 이물질로부터 유기식품을 보호하기 위하여 예방조치를 취하였는가?	- 가공공장 뒤편에 산과 개울이 근접하여 유해생물(쥐, 해충 등)이 공장내부로 접근할 가능성은 있으나, 방충망 및 차단시설 등으로 적절하게 예방조치를 취하고 있었음.	예
(3) 식품표면의 세척 또는 소독에 사용된 물질은 먹는 물 또는 허용된 가공보조제 외에는 없는가?	- 청국장 표면은 별도의 세척 및 소독이 이루어지지 않고 있었음.	예
(4) 시설 및 장비에 세척제, 살균제, 소독제를 사용한 경우, 유기적 순수성이 훼손되지 않도록 조치하였는가?	- 간헐적으로 작업실 바닥 등을 청소하기 위해 세척제를 일부 사용하고 있으나, 완전히 헹군 후 작업이 이루어지므로 유기적 순수성이 훼손되지는 않는 것으로 판단됨.	예

2.다. 포장	평 가	예/아니오
(1) 포장재는 재활용되었거나 재활용할 수 있는 것인가?	- 내포장(랩, PVC)과 외포장(진공포장용, PE)은 단일성분으로 이루어져, 재활용 분리가 가능함.	예
(2) 포장재가 금지된 물질을 함유하였거나 접촉하지 아니하였다는 것을 문서로 확인할 수 있는가?	- 청국장을 랩(PVC)으로 싸 내포장하여 진공포장형태로 다시 외포장(PE)하는데, 『식품위생법』에 의거 식품포장용기제조업 허가를 받은 업체에서 생산된 포장재를 사용하고 있었으며, 검사성적서는 랩만 가지고 있었음.(2014년 4월 9일) 【검사성적서(한국생활환경시험연구원) 첨부】	예
(3) 합성살균제, 방부제, 훈증제 등 금지된 물질이 포장재, 용기, 저장고에 사용되지 않았는가?	- 현장 검사 및 면담 결과, 금지된 물질이 포장재, 용기, 저장고에 사용되고 있지 않았음.	예
(4) 재활용된 자재 또는 용기는 기준에 적합하였는가?	- 재활용된 자재 및 용기는 사용하지 않는 바, 해당사항 없음.	-
(5) 표시 또는 표시물의 기재사항은 기준에 적합한가?	- 『식품위생법』의 '식품 등의 표시기준'에 따른 모든 표시사항이 기준에 적합한 것으로 판단됨.(최초심사를 가정하였기에 유기 관련 표시는 평가하지 않았음.) 【제품의 표시사항 복사본 첨부】	예

2.라. 원료 및 제품의 수송	평 가	예/ 아니오
(1) 사업자는 환경에 미치는 악영향을 최소화할 수 있는 수송방법을 선택하였는가?	- 제품수송 시 자가차량을 이용해 택배업체와 일부 납품처로 수송하고 있으며 다른 대체 수송방법이 없었음. - 작업장 내 동력을 이용한 이용수단은 사용하지 않았음.	예
(2) 수송 장비와 운반용기를 세척, 소독할 때 금지된 물질을 사용하지 않았는가?	- 수송 장비와 운반용기는 물과 에어로만 세척, 소독하고 있었음.	예
(3) 수송 과정에서 유기식품이 유기식품이 아닌 물질이나 금지된 물질과 접촉 또는 혼합되지 않도록 확실하게 구분하여 취급하였는가?	- 자가 생산한 유기원료와 완제품은 박스 포장하여 자가차량을 이용하여 수송하고 있었음. - 외부에서 들어오는 유기원료와 비유기원료는 구분하여 공급받고 있으며, 택배 이용 시에도 완전 포장상태로 들어오므로 비유기원료와의 접촉 또는 혼입이 발생하지 않을 것으로 판단됨.	예

2.마. 기록 및 접근 보장	평 가	예/ 아니오
(1) 사업자는 유기식품의 취급 전반에 관한 기록을 작성하고 있는가? 기록한 자료는 3년 이상 보존하고 있는가?	- 전반적인 기록 관리는 하고 있으나, 전산 상의 문제로 최근사항을 확인하지 못했음.	예
(2) 유기취급계획은 가공 및 유통을 포함하는 전체 관리 시스템을 다루고 있는가?	- 유기취급계획은 원료의 입고에서부터 보관, 가공, 저장 및 유통까지 전체 관리 시스템을 종합적으로 다루고 있었음.	예
(3) 표본추적 결과 이력추적이 가능하였는가?	- 전산에 문제가 있어 이력추적을 제대로 확인하지 못했음. ※ 다음 페이지에 표본 추적한 내용을 작성하시오.	아니오
(4) 투입-산출 분석 결과 투입-산출 비율과 수율의 경험값이 오차 범위 내에서 같다고 할 수 있는가?	- 전산에 문제가 있어 이력추적을 제대로 확인하지 못했음. ※ 다음 페이지에 투입-산출 분석 내용을 작성하시오.	아니오
(5) 가공, 포장, 저장, 운송, 판매, 그 밖에 취급에 관한 관리 지침이 문서화되어 보존되고 있는가?	- 관리지침이 다소 미흡하지만, 청소대장, 작업장 점검대장 등을 기록하고, 이를 관리지침으로 활용하고 있었음.	예
(6) 모든 기록 및 관련 현장에 아무런 제한 없이 접근할 수 있는가?	- 전산에 문제가 있어 모든 기록을 접근할 수는 없었지만, 보관된 기록과 관련 현장에는 직원의 동행 하에 제한 없이 접근 가능하였음.	아니오

○ **표본추적 및 투입-산출 분석 결과(과정을 함께 쓰시오)**

[원료수불대장의 3월달, 유기백태량(청국장+메주)]

초기재고(3월1일 : 2,897kg) + 입수량(3월달 : 0kg)

= 말기재고(3월31일 : 2,743kg) + 생산투입량(3월달 : 154kg)

=> *완제품 재고량을 확인하지 못해 중단.*

[투입산출분석]

▷ 청국장 : 300g/개

▷ 사업자의 경험치 제품수율 : 콩만을 기준으로 1.5배

▷ 6월 16일 제조 기준 = $\frac{51kg(\text{산출량})}{30kg(\text{투입량})} = 1.7$

(사업자의 경험치 제품수율 기준이 콩을 기준으로 하여 알기 때문에, 비교분석을 위해 동일하게 콩만을 수율을 계산하였음)

▷ 경험치 수율을 기준으로 하면 30kg 투입시 45kg의 청국장이 생산되어야 함.
그러나, 실제 계산시 6kg의 차이로 이를 개수로 환산하면 20개의 청국장이 더 생산된 것으로 편차를 감안하더라도 적정범위를 초과하였음.

▷ 이는 전산시스템이 복구되면, 실제 수율을 계산하여 경험치와 비교 검토해 필요성이 있음.

1. 제품별/고객유형별 판매현황
   청국장 알뜰쇼핑 0000년 7월 1일 300g 425개
2. 거래명세표
   청국장 알뜰쇼핑 0000년 7월 1일 300g 30개
   => 전산상 2009년 6월 16일 제조된 제품임
3. 생산내역대장
   => 0000년 6월 16일자 청국장 170개 생산(170개 × 300g/개 = 51kg)

원료	입고일자	사용량	생산자	인증번호
콩	0000년 12월 1일	30kg	000	14-04-1-30
소금	0000년 1월 1일	2.1kg	(주)한주	FF09-00139

4. 원료수불대장

원료	입고일자	사용량	생산자	인증번호
콩	0000년 12월 1일	3,000g	000	14-04-1-30
소금	0000년 1월 1일	1,290kg	(주)한주	FF09-00139

   => 소금 입고날짜는 전산입력시 착오가 생긴 것으로 보임.
   영수증 확인시, 0000년 12월 15일이 맞을 것으로 추정함)

5. 영수증(콩, 소금 확인)
   콩 0000년 12월 1일 40kg 75개 000 => 3,000g 확인
   소금 0000년 12월 15일 30kg 43개 (주)한주 => 1,290kg 확인

○ **그 밖의 참고 사항**

- '생산시설도면', 'OHP' 및 '품목별제조공정도'에서 사용하는 명칭이 통일되어 있지 않아 서류 검토시 오해의 여지가 있었음. [예: 황토방(유기농청국장 제조공정), 띄움실(시설명), 숙성실(가공공장 평면도)]
- OHP '1.가.2.'에서는 '유기 청국장' 발효시키는 '띄움실'이 누락되어 있었음.
- '유기농 청국장 생산 공정'에서는 '백태' 생산자가 '000 외 1인'으로 기술되어 있으나, 현장 서류 확인시 000 외 2인으로부터 '백태'를 공급받았음.
- 숙성실에 비치된 가습기는 물이 남아있는 상태로 장기간 사용하지 않아 물통을 들었을 때 물때와 이물질이 끼어있었음.
- 작업장 내 '손살균세정설비'를 비치하고는 있었으나, 살균소독제로 분사되는 물질에 대한 성분과 정보를 사업자(작업자)가 모르고 있었음.

심사 보고 요약

접수번호 :		
조항 번호	범 위	부적합 사항
1.가.	일반요건	- 시설도면에서 '완제품보관창고'에 대한 정보가 누락되어 있었음. - 시설도면에서 '가공실' 내 식염 보관위치를 지정하고 있었으나, '보일러실'에 적재되어 있었음. - OHP '1.가.1. 유기제품목록'의 1일 제조량(70kg)은 1일 최대생산량을 기술한 것임. - OHP '2.나.2. 설비의 세척 및 소독에 사용되는 물질'에서는 기술되어 있지 않은 3종의 합성세제가 '작업장'에서 발견되었고, 대상설비(13호, 14호)는 세척 소독을 하고 있지 않았음. - OHP '2.다.1. 오염방지'에서는 포장재질을 PE로 기술하였으나, PVC(내포장)와 PE(외포장)로 포장하고 있었음.
1.나.	가공원료	- 해당사항 없음.
1.다.	가공방법	- 해당사항 없음.
2.가.	해충 및 병원균 관리	- 해당사항 없음.
2.나.	세척, 소독	- 해당사항 없음.
2.다.	포장	- 해당사항 없음.
2.라.	원료 및 제품의 수송	- 해당사항 없음.
2.마.	기록 및 접근 보장	- **전산에 문제가 있어 표본추적과 투입산출분석이 제대로 이루어지지 않아, 차후 재확인 작업을 요함.**

※ '부적합 사항'에는 인증기준에 부적합한 사항을 요약하여 기록하되 '변경 또는 불일치 사항', '부족한 정보'가 있으면 함께 기술하시오.

ㅇ 시료채취 (해당되는 경우) - 채취 사유 : - 채취 장소 : - 시료 내용 및 양 :

심사 종료일	신청자 측 담당자 서명	심사원 서명
2014년 0월 0일	홍 길 동	전 남 대

3.3.3. 제분(밀가루)

※ 본 샘플 보고서는 E인증기관의 서식에 맞춰 작성된 것임.

유기가공식품 인증 심사보고서

o 접수번호 :

운영자	사업자 : △△식품	인증기관	○○인증원
	대표자 : 000	인증번호	
	소재지 : 000		
	연락처 : 000	품목	000 유기농밀가루
작업자	사업장 : 000	심사원	전남대
	담당자 : 000	심사일	서류검토 : 000
	소재지 : 000		현장심사 : 000
	연락처 : 000		보고서 작성 : 000

심사유형	인증기관으로부터 전달받은 문서
□ 최초 심사 ☑ 정기 심사 □ 추가 심사 □ 불시 심사	☑ 식품품목제조보고서 사본 ☑ 유기취급계획서 ☑ 원료 및 첨가물이 기준에 적합하다는 것을 증명하는 서류 ☑ 생산시설 도면 ☑ 품목별 제조공정도 □ 제품명세서 ☑ 기타 : 수질검사성적서.밀보관도급계약서.종합방제계약서 등

1. 기본정보

항 목	내 용	비 고
대표자 / 담당자 면담 여부	내용은 샘플1 보고서 참조	
유기가공식품 사업과 인증 신청을 하게 된 이유		
소유관계		
조직구조		
직원 수/유기식품 관련 작업인원		
근무환경 및 직원복지		

항 목	내 용	비 고
유기가공식품의 생산주기와 시간		
생산시설의 개요		
병행생산 여부		
마케팅 및 주요 판매방법		
인증표시 및 사용방법		
품질관리 시스템		
불만사항 관련 기록		

2. 심사 결과

<table>
<tr><th rowspan="2">심사 항목</th><th colspan="4">심사 결과</th></tr>
<tr><th>적</th><th>개선
권고</th><th>부</th><th>해당
없음</th></tr>
</table>

1.가. 일반요건

심사 항목	적	개선 권고	부	해당 없음
(1) 유기사업자는 유기식품의 취급 과정에서 대기, 물, 토양의 오염이 최소화되도록 문서화된 유기취급계획을 수립하였는가?	☑	☐	☐	☐
평가: 유기취급계획을 문서로 수립했음. 밀가루를 생산하는 과정에서 발생하는 부산물은 밀을 세척한 물과 밀 껍질인 소맥피였음. 소맥피는 비유기 밀가루 생산과정에서 발생하는 소맥피와 합쳐, 사료공장에 판매하고 있었음. 대기물토양의 오염이 최소화되는 구조였음.				
(2) 유기취급계획이 실행되고 있었는가?	☑	☐	☐	☐
평가: 유기취급계획이 실행되고 있었음. 유기전용생산라인이 문서 및 실제로 존재했음. 취급계획서 및 제출한 별첨 서류인 유기전용생산라인을, 원료의 입고위치에서 완성제품의 출고장까지의 공정을 육안으로 확인했음.				
(3) 유기사업자는 유기식품의 가공 및 유통 과정에서 원료의 유기적 순수성을 훼손하지 않았는가?	☑	☐	☐	☐
평가: 수입 밀. 국내산 관행 밀, 무농약 밀, 유기농 밀 등을 가공하여 밀가루를 생산하고 있었음. 유기전용생산라인을 구축하여 비유기 생산과정과 유기 생산과정을 구분하여 관리하고 있었음. 원료인 유기농 밀은 ○○군 지역의 저장창고 내에 비유기 밀과 구분하여 저장한 후, 계약된 수송차량에 의하여 업체로 수송되는 방법을 채택하고 있었음. 원료의 유통과정에서 유기적 순수성이 훼손될 우려가 없었음.				
(4) 유기사업자는 유기생산물과 비유기 생산물이 혼입되거나 접촉되지 않도록 구분하여 취급하였는가?	☑	☐	☐	☐
평가: 비유기 밀가루와 유기 밀가루를 생산하고 있었음. 유기전용생산라인을 구축하여 비유기 생산과정과 유기 생산과정을 구분하여 관리하고 있었음. 각각의 밀가루는 20kg단위 지대로 포장하여 팔레트 위에 적재한 후 저장 및 유통되므로 혼입 및 오염의 우려가 없었음.				

심사 항목	심사 결과			
	적	개선 권고	부	해당 없음
(5) 유기사업자는 유기생산물이 오염원에 의하여 오염되지 않도록 필요한 조치를 하였는가?	☑	☐	☐	☐
평가: 유기밀가루 생산과정 및 전용 생산 공장내부를 살펴본 결과, 오염원의 사용 및 요염의 우려가 없었음. 전용 생산공장 내에는 해충의 침입예방을 위해 구충구서용 트랩을 사용하지 않고, 음파를 이용한 해충퇴치기(전기식)를 설치 사용하고 있었음.(별첨 사진참조) 전기식 나방포획기를 설치 사용하고 있었음. 이외의 오염원을 사용하지 않고 있었음.				
(6) 금지된 물질 및 방법으로부터 유기식품을 보호하기 위해 격리 및 충분한 예방 조치를 취하고 있었는가?	☐	☐	☐	☑
평가: 전용생산라인에서 금지된 물질 및 방법을 사용하지 않고 있었음.				
(7) 작업자들이 유기취급계획에 대한 훈련을 받고 있었는가?	☑	☐	☐	☐
평가: 유기전용생산라인의 작업자들에 대한 취급교육을 실시하고 있었음(교육관리대장 확인).				
(8) 인증기관으로부터 전달받은 문서의 정보와 실제가 일치하였는가?	☑	☐	☐	☐
평가: 문서와 실제가 일치했음				

1.나. 가공원료

(1) 유기 원료는 무엇인가?, 이를 증빙하는 문서가 있었는가?	☑	☐	☐	☐
평가: 유기농 밀이었음. 생산자는 인증번호 제 00-1-00호(▽▽친환경영농사업단)이었음. 인증서를 열람, 확인했으며 유효기간 및 생산자이름(@@@)을 확인했음.				
(2) 비유기 원료는 무엇인가?, 이를 사용한 경우, 불가피하였는가? (첨가물 및 가공보조제 제외)	☐	☐	☐	☑
평가: 사용하지 않았음.				
(3) 첨가물 및 가공보조제는 무엇인가?, 첨가물 및 가공보조제는 허용된 것인가? 이를 사용한 경우, 불가피하였으며 최소량만 사용했는가?	☐	☐	☐	☑
평가: 사용하지 않았음.				
(4) 유기 원료 비율은 얼마인가? 비유기 원료, 첨가물 및 가공보조제를 사용한 경우, 물과 소금을 제외한 제품 중량의 5% 비율 내에서만 비유기 원료를 사용할 수 있다. 비유기 원료, 첨가물 및 가공보조제는 제품 중량의 5% 비율 이내였는가? (단, 유기원료와 동일한 종류의 비유기 원료는 혼합할 수 없음)	☑	☐	☐	☐
평가: 유기밀의 원료비율은 100%였음.				
(5) 유자전 변형농산물 및 유전자변형농산물 유래의 원료를 사용하지 않았는가?, 미생물제제를 사용한 경우, 유전자변형미생물에서 유래한 것은 아닌가?	☐	☐	☐	☑

심사 항목	심사 결과			
	적	개선권고	부	해당없음
평가: 사용하지 않았음.				
(6) 물을 사용한 경우, 먹는 물 기준에 적합하였는가?	☑	☐	☐	☐
평가: 물은 템퍼링(가수)목적으로만 사용했음. 사용하는 수도수의 먹는 물 수질검사 결과서를 제출하였으며(2014. 0. 0) 적합하였음.				
(7) 소금을 사용한 경우, 사용되는 소금은 식품 기준에 맞았는가?	☐	☐	☐	☑
평가: 사용하지 않았음.				

1.다. 가공방법

(1) 가공방법은 기계적, 물리적, 생물학적 방법을 사용하였는가? 식품을 화학적으로 변형시키거나 반응시키는 일체의 첨가물, 보조제, 그 밖의 물질은 사용하지 않았는가?	☑	☐	☐	☐
평가: 가공방법은 밀을 기계적, 물리적인방법으로 이물질을 제거한 후, 템퍼링(가수)후 기계로 비벼 분말화하는 방법을 사용하였음. 화학적으로 변형시키거나 반응시키는 일체의 첨가물, 보조제, 그 밖의 물질은 사용하지 않았음.				
(2) 유기식품의 가공 및 취급 과정에서 전리 방사선이 사용하지 않았는가?	☐	☐	☐	☑
평가: 사용하지 않았음.				
(3) 추출을 위하여 물, 에탄올, 식물성 및 동물성 유지, 식초, 이산화탄소, 질소를 사용할 수 있다. 이 이외에 다른 물질을 활용한 추출방법을 사용하지 않았는가?	☐	☐	☐	☑
평가: 사용하지 않았음.				
(4) 여과를 위하여 석면을 포함하여 식품 및 환경에 부정적 영향을 미칠 수 있는 물질이나 기술을 사용하지 않았는가?	☐	☐	☐	☑
평가: 사용하지 않았음.				
(5) 저장을 위해 사용된 방법은 저장할 때에 공기, 온도, 습도 등 환경을 조절하거나 건조할 수 있는 기준에 적합한 방법을 사용하였는가?	☑	☐	☐	☐
평가: 유기전용 생산라인 공간 내에 저장할 계획이었음. 공기온습도를 적정하게 조절할 수 있는 환경이었으며 상온보관을 유지한다고 말하였음(홍길동).				

2.가. 해충 및 병원균 관리

(1) 해충과 병원균의 관리를 위해 화학적인 방법이나 방사선 조사 방법이 사용되지 않았는가?	☐	☐	☐	☑
평가: 사용하지 않았음.				

심사 항목	심사 결과			
	적	개선권고	부	해당없음
(2) 해충 관리를 위해 예방적 방법, 기계적・물리적・생물학적 방법, 허용된 살충물질 등을 차례로 적용하였는가?	☑	☐	☐	☐
평가: 해충 관리를 위해 방충망, 해충퇴치기, 해충유인기 등을 설치하여, 예방적 방법, 기계적・물리적 방법을 사용하였으며, 허용된 살충물질 등을 사용하지 않을 계획이었음.				
(3) 해충과 병원균 관리를 위해 장비와 시설에 허용되지 않은 물질을 사용하지 않았는가?	☐	☐	☐	☑
평가: 사용하지 않았음.				
(4) 허용되지 않은 물질이나 방법으로부터 유기식품을 보호하기 위해 격리 및 충분한 보호조치가 취해졌는가?	☐	☐	☐	☑
평가: 사용하지 않았음.				

2.나. 세척 및 소독

심사 항목	적	개선권고	부	해당없음
(1) 세척, 살균, 소독에 사용된 물질이 유기가공식품에 함유하지 않도록 조치하였는가?	☐	☐	☐	☑
평가: 템퍼링 목적의 물 이외의 물질을 사용하지 않았음. 살균, 소독에 사용된 물질이 유기가공식품에 함유할 우려가 없었음.				
(2) 사업자는 허용되지 않은 물질, 해충, 병원균, 기타 이물질로부터 유기가공식품을 보호하기 위해 필요한 예방조치를 취하였는가?	☑	☐	☐	☐
평가: 허용되지 않은 물질, 해충, 병원균, 기타 이물질로부터 유기가공식품을 보호하기 위해 음향을 이용한 쥐 등 해충 퇴치기, 나방 등 해충 포획기를 공장 내에 설치사용 중이었음. 창문에 방충망을 설치하였으며, 모든 출입문은 밀폐상태가 우수하였음. 청소도구 및 청소 작업기록 및 담당자확인을 기재하는 모니터링문서를 공장 내에 부착하여 운영 중이었음(별첨 사진 참조). 작업자의 출입문은 이중의 공간으로 구성되어, 작업자로 인한 해충 등 오염물질을 예방하기 위한 손 소독기, 위생복이 준비되어 있었음.				
(3) 세척 또는 소독을 위하여 사용한 물질은 먹는 물 또는 허용된 가공보조제 외에는 없는가?	☑	☐	☐	☐
평가: 세척 또는 소독을 위하여 사용한 물질은 먹는 물 이외 없다고 말했음. 장비 및 설비의 세척방법은 에어건, 솔, 진공청소기이며, 바닥 세척은 빗자루, 진공청소기, 마른 걸레를 사용한다고 말하였음(홍길동). 육안으로 관찰한 결과, 청소도구 보관장소를 확인했으며, 이외의 금지물질을 발견하지 못했음.				

2.다. 포장

심사 항목	적	개선권고	부	해당없음
(1) 포장재와 포장방법은 식품과 환경에 미치는 나쁜 영향을 최소화하도록 선정하였는가? (포장재는 재사용 또는 재활용 가능 여부)	☑	☐	☐	☐
평가: 최종제품은 황색크라프트지(20kg)를 사용했음. 원재료인 유기밀은 1톤 백을 사용했음(사진참조).				

심사 항목	심사 결과			
	적	개선권고	부	해당없음
재활용이 가능하였음.				
(2) 포장재가 유기식품을 오염시키지 않았는가? (포장재가 허용되지 않은 물질을 함유하였거나 접촉하지 않았는지 여부)	☑	☐	☐	☐
평가: 포장재 검사성적서를 보관하고 있었음(2012.6. 한국건설생활환경연구원).				
(3) 합성살균제, 방부제, 훈증제 등 금지된 물질이 포장재, 용기, 저장고에 사용되지 않았는가?	☐	☐	☐	☑
평가: 사용하지 않았음.				
(4) 유기가공식품의 유기적 순수성을 훼손할 수 있는 모든 물질과 접촉한 재활용된 자재 또는 용기를 사용하지 않았는가?	☐	☐	☐	☑
평가: 사용하지 않았음.				

2.라. 원료 및 제품의 수송

심사 항목	적	개선권고	부	해당없음
(1) 사업자는 환경에 미치는 악영향을 최소화할 수 있는 수송방법을 선택하였는가?	☑	☐	☐	☐
평가: 원료 밀의 수송은 25톤 용역계약 트럭을 이용한다고 말했음. 수송거리가 가까운 전북지역에서 생산되는 원료를 구매, 사용한다고 말하였음.				
(2) 수송 장비와 운반용기를 세척, 소독할 때 허용되지 않은 물질을 사용하지 않았는가?	☐	☐	☐	☑
평가: 사용하지 않았음.				
(3) 수송 과정에서 유기식품이 허용되지 않은 물질이나 비유기식품과 접촉 또는 혼입되지 않도록 명백히 구분하여 취급하였는가?	☑	☐	☐	☐
평가: 원료 밀은 수송과정 중 1톤 백으로 포장되어, 유기인증마크 및 인증번호, 생산자를 적은 태그를 부착하여 구분한다고 말하였음(사진 참조). 최종 제품은 20kg으로 포장한 후, 팔레트 위에 적재하여 비닐로 루핑을 하기 때문에 수송과정 중 접촉이나 혼입의 우려가 없다고 말하였음.				

2.마. 기록 및 접근보장

심사 항목	적	개선권고	부	해당없음
(1) 사업자는 유기가공식품의 취급 전반에 관한 어떤 기록을 작성하고 있는가? 기록한 자료는 3년 이상 보존하고 있는가?	☑	☐	☐	☐
평가: 유기원료인 유기밀의 생산자, 구입일 및 수입량, 원료투입일 및 투입량, 생산량 및 판매량 등을 기록하여 보관하고 있었음. 과거 1년간의 기록을 보관하고 있었음(2013년 인증획득).				
(2) 유기취급계획은 가공 및 유통을 포함하는 전체 관리 시스템을 다루고 있는가?	☑	☐	☐	☐
평가: 유기취급계획은 가공 및 유통을 포함하는 전체 관리 시스템을 다루고 있었음.				

<table>
<tr><th rowspan="2">심사 항목</th><th colspan="4">심사 결과</th></tr>
<tr><th>적</th><th>개선
권고</th><th>부</th><th>해당
없음</th></tr>
<tr><td>(3) 사업자는 유기원료, 첨가물, 보조제, 세척제, 그 밖의 투입 자재의 구매, 입고, 출고, 사용에 관한 기록을 작성하고 보존하였는가?</td><td>☑</td><td>☐</td><td>☐</td><td>☐</td></tr>
<tr><td colspan="5">평가: 유기원료 및 포장재의 구매, 입고, 출고, 사용에 관한 기록을 작성하고 보존하였음.</td></tr>
<tr><td>(4) 가공, 포장, 저장, 운송, 판매, 기타 취급에 관한 관리 지침이 문서화되어 보존되고 있는가?</td><td>☑</td><td>☐</td><td>☐</td><td>☐</td></tr>
<tr><td colspan="5">평가: 유기농산물 가공방법, 제조방법 설명서, 품목제조보고서 등 취급에 관한 관리지침이 문서화되어 보존하고 있었음.</td></tr>
<tr><td>(5) 모든 기록 및 관련된 현장에 아무런 제한 없이 접근할 수 있는가?</td><td>☑</td><td>☐</td><td>☐</td><td>☐</td></tr>
<tr><td colspan="5">평가: 모든 기록 및 문서를 열람할 수 있었음. 전용생산라인 등 생산현장에 제한 없이 접근할 수 있었음.</td></tr>
<tr><td colspan="5">○ 추적감사 과정 및 결과
1) 추적감사 대상선정:
- 현재 완성제품 재고량은 없었음. 2014년엔 생산실적이 없었으며, 원료인 유기밀 재고는 서류상 151 ton이었음.
- 2013년 최종판매 제품을 서류 추적감사대상으로 선택하였음.
2) 과정:
- 판매기록: 2013.7.31 [유기농백밀가루]50포 판매. LOT.20130526
- 생산기록: 2013.5.26 원료유기밀 6,032kg투입, 백밀가루 생산량 6,010kg, 부산물 22kg발생. 원료LOT. 유2012 438.
- 원료맥입출고대장: 유2012 438 [유기인증번호 제00-1-00호(▽▽친환경영농사업단) 생산자: 전봉준]
- 창고입고일: 2012.7.27
- 밀다원 입고일: 2013.5.24.
- 밀다원 출고일: 2013.5.25
3) 결과: 기록 및 증빙문서를 확인하여 추적감사를 실시한 결과, 추적감사가 가능하였음.</td></tr>
<tr><td colspan="5">○ 투입-산출 분석 과정 및 결과
1) 2014.5.26 생산기록을 토대로 분석했음. 원료유기밀 6,032kg투입, 백밀가루 생산량 6,010kg, 부산물 22kg발생. 수율은 +95%였음.
(수율의 변화가 심한이유를 묻는 질문에 밀은 작황에 따라 수율차이가 많이 난다고 말했음. 2014년 최초 심사 시, 4,786kg를 투입, 백밀가루 2,460kg와 통밀가루 572kg를 생산한 수율은 63%였음. 수율이 낮은 이유는 백밀가루에 비하여 통밀가루의 일반적인 수율은 30% 미만이라고 말하였음).</td></tr>
</table>

3. 심사 요약

1. 부적합 사항

- 인증기준에 대해 부적합 사항이 있었는가? ☐ 예 ☑ 아니오

구분	부적합 사항	비고
1.가. 일반요건	없음	
1.나. 가공원료	없음	
1.다. 가공방법	없음	
2.가. 해충 및 병원균 관리	없음	
2.나. 세척 및 소독	없음	
2.다. 포장	없음	
2.라. 원료 및 제품의 수송	없음	
2.마. 기록 및 접근보장	없음	

2. 개선권고 사항

- 인증기준에 대해 개선사항이 있었는가? ☐ 예 ☑ 아니오

구분	개선권고 사항	비고
1.가. 일반요건	없음	
1.나. 가공원료	없음	
1.다. 가공방법	없음	
2.가. 해충 및 병원균 관리	없음	
2.나. 세척 및 소독	없음	
2.다. 포장	없음	
2.라. 원료 및 제품의 수송	없음	
2.마. 기록 및 접근보장	없음	

3. 시료 채취

- 검사를 위한 시료를 채취 하였는가? ☐ 예 ☑ 아니오

1. 시료의 내용	
2. 시료 채취 사유	
3. 시시료 채취 장소	

4. 별첨자료 : 심사사진 : 별첨 유기가공 심사사진 20140902

5. 사후관리, 다음 정기심사에 대한 권고 사항

기록 및 문서관리상태가 적합하였음.

신청자 서명	심사원 서명
###	@@@

유기가공식품 인증심사 결과를 위와 같이 보고합니다.

제출일 2014. 0. 0.

인증기관 대표 귀하

3.3.4. 떡

※ 본 샘플 보고서는 O인증기관의 서식에 맞춰 작성된 것임.

■ 친환경농축산물 및 유기식품등 인증에 관한 세부실시 요령 [별지 제10호 서식]

[제　　호 안건]

<table>
<tr><td colspan="5">인증심사 결과 보고서(제조·가공 및 취급자용)</td></tr>
<tr><td colspan="5">1. 신청내용</td></tr>
<tr><td rowspan="3">신청인</td><td>법인(조직)명</td><td>(주)DDDD</td><td>취급자 수</td><td>33</td></tr>
<tr><td>대표자 성명</td><td>HHH</td><td>사업자등록번호
(생년월일)</td><td>123-45-67890</td></tr>
<tr><td>주 소</td><td colspan="3">000000</td></tr>
<tr><td rowspan="5">신청내용</td><td>인증구분</td><td colspan="3">[○] 유기가공식품, [ ] 비식용유기가공품, [ ] 취급자:</td></tr>
<tr><td>신청구분</td><td colspan="3">[○] 최초 인증 신청, [ ] 갱신 신청, [ ] 유효기간 연장 신청</td></tr>
<tr><td>사업장소재지</td><td colspan="3">000000</td></tr>
<tr><td>신청면적(㎡)</td><td colspan="3">공부면적 1,000㎡ / 신청면적1,000㎡
인증(예정)면적 1,000㎡</td></tr>
<tr><td>신청품목</td><td colspan="3">유기농 맛좋은 떡</td></tr>
</table>

<table>
<tr><td colspan="3">2. 심사결과</td></tr>
<tr><td rowspan="2">항 목</td><td colspan="2">평 가</td></tr>
<tr><td>적 합</td><td>부 적 합</td></tr>
<tr><td>①일반요건(취급자: 경영관리)</td><td>적합</td><td></td></tr>
<tr><td>②가공원료(취급자: 작업장 시설기준)</td><td>적합</td><td></td></tr>
<tr><td>③가공방법(취급자: 원료관리)</td><td>적합</td><td></td></tr>
<tr><td>④해충 및 병원균 관리(취급자: 취급방법)</td><td>적합</td><td></td></tr>
<tr><td>⑤세척 및 소독(취급자: 저장 · 포장 · 운송 · 수송)</td><td>적합</td><td></td></tr>
<tr><td>⑥포장(취급자: 생산물의 품질관리)</td><td>적합</td><td></td></tr>
<tr><td>⑦유기원료 및 가공식품의 수송 및 운반</td><td>적합</td><td></td></tr>
<tr><td>⑧기록 · 문서화 및 접근 보장</td><td>적합</td><td></td></tr>
<tr><td>⑨제조시설기준(유기사료에 한함)</td><td></td><td></td></tr>
<tr><td colspan="3">3. 심사의견 : 제출한 서류를 심사하고 현장방문 심사하고 잔류농약검사 결과 당사 유기가공식품인증기준에 적합하였음.</td></tr>
<tr><td colspan="3">붙임: 인증기준의 구비요건에 대해 항목별로 심사한 내역서 1부
심사결과를 위와 같이 보고합니다.
2014년 00월 00일
심사원 소속　　직급　　성명　K K K (서명 또는 인)
직급　　성명　　(서명 또는 인)</td></tr>
</table>

유기가공식품 심사 세부 항목표

심사사항	심사사항명	평 가	예/아니오
일반요건	<필수입력사항:요약보고의 평가자의견>	모든 과정을 유기취급계획대로 실행하고 있었고 신청서상의 모든 정보는 실제와 일치하였음.	예
	1) 시설도면, 제조공정도, 제품명세 등 인증신청서 상의 모든 정보가 실제와 일치하는가?	인증기관으로부터 전달받은 유기취급계획서, 유기가공관리기준서, 제조가공공정도, 영업장 평면도, 제조설비 기계배치도, 원료 및 제품 이동경로등의 서류를 받았으며 모든 정보는 실제와 일치하였음.	예
	2) 유기취급계획이 계획대로 실행되고 있는가?	현장 심사결과 생산공장의 현황은 유기취급계획서의 정보와 동일하였음.	예
	3) 가공 및 취급 전반에 걸쳐 토양의 오염이 최소화되도록 조치하고 있는가?	별도의 토양 오염원은 없었음.	예
	4) 가공 및 취급 전반에 걸쳐 대기의 오염이 최소화되도록 조치하고 있는가?	모든 생산시설은 LNG만을 동력원으로 사용하고 있었고 대기의 오염원은 없었음.	예
	5) 가공 및 취급 전반에 걸쳐 물의 오염이 최소화되도록 조치하고 있는가?	자체 폐수처리장에서 처리하고 있었음. (첨부 사진 참조)	예
	6) 금지된 물질 및 방법으로부터 유기식품을 보호하기 위해 격리 및 충분한 예방 조치를 취하고 있는가?	세척제등은 별도 공간에 격리 보관하고 있었으며 시건장치가 되어 있었음. (첨부 사진 참조)	예
	7) 종업원들이 유기취급계획에 대해 훈련받고 있는가?	유기가공교육을 KKK 과장이 직원들 대상으로 1개월에 한 번씩 교육하고 있었음. (교육일지 사본 참조)	예
	8) 종업원들은 유기 인증기준에 대하여 종합적으로 이해하고 있는가?	현장과 사무실에서 작업 중이던 '임해은'씨에게 유기취급에 관해 질문했을 때 유기 제품의 생산과 보관, 취급 등에 관한 답변을 하였음.	예
	9) 사업자는 유기 인증기준에 대하여 종합적으로 이해하고 있는가?	사업자는 물론 AAA 상무, KKK 과장(유기가공 취급 책임자), MMM 주임은 유기가공기준에 대한 상황을 인지하고 있었음.	예
가공원료	<필수입력사항 : 요약보고의 평가자의견>	유기원료 구매 관리에 대해 철저한 서류 검증을 하고 있었음.	예
	10) 모든 원료에 대한 유기인증서 또는 유기적으로 생산 및 취급되었다는 것을 증빙하는 자료가 있는가?	[유기쌀가루] • 인증번호 : 00-8-55 • KOREA인증원 • 인증유효기간	예

심사사항	심사사항명	평 가	예/아니오
		13.11.07~14.11.06 • 해당 내용의 유기가공식품 인증서를 보유하고 있었음. ※ 인증서 사본 폴더 內 첨부.	
	2) 비유기 원료가 사용된 경우 불가피하였는가? 유기원료를 구하기 위해 어떠한 노력을 하였는가?	해당사항 없음.	예
	3) 비유기 원료가 사용된 경우 물과 소금을 제외한 제품 중량에 대한 비유기 원료의 중량 비율이 5% 이하였는가?	해당사항 없음.	예
	4) 사업자는 비유전자변형 확인서 등 유전자변형이 아님을 증빙할 수 있는 자료를 가지고 있었는가?	GMO원료를 사용하지 않았음. (해당사항 없음)	예
	5) 수질검사성적서가 있었는가? 검사결과는 먹는 물 기준에 적합하였는가?	AAA군청 수도사업부 수질검사 결과 - 검사결과 종합 : 기준에 적합 - 미생물에 관한 항목 불검출 - 건강상 유해영향 무기물질에 관한 항목 : 불검출 - 건강상 유해영향 유기물질에 관한 항목 : 불검출 - 소독제 및 소독부산물질에 관한 항목 : 적합 - 심미적 영향물질에 관한 항목 : 적합 ※ 폴더 內 성적서 첨부	예
	6) 소금이 식품기준에 적합하였는가?	D꽃소금으로 기준에 적합하였음.	예
	7) 미생물 제제가 사용된 경우, 그것이 유전자변형 미생물에서 유래된 것이 아님을 증빙하는 자료가 있었는가?	해당사항 없음.	예
	8) 첨가물 또는 가공보조제가 사용된 경우,사용된 물질이 허용된 것인가?그 사용이 불가피하였는가?최소량만 사용하였는가?	해당사항 없음.	예
가공	<필수입력사항 : 요약보고의 평가자의견>	유기기준에 적합한 방법만을 사용하고 있었음.	예

<table>
<tr><th>심사
사항</th><th>심사사항명</th><th>평 가</th><th>예/
아니오</th></tr>
<tr><td rowspan="5">방법</td><td>1) 가공방법은 허용된 방법만을 사용하였는가?</td><td>유기취급계획서와 현장을 확인한 결과 (미분증숙, 떡사출, 속재료 가공, 떡+속재료 성형, 냉각, 코팅, 급냉, 내포장, 검수, 외포장, 적재)등 허용된 가공방법만이 사용되고 있었음.</td><td>예</td></tr>
<tr><td>2) 유기식품에 관한 모든 가공 및 취급 과정에서 방사선이 사용되지 않았는가?</td><td>• 현장 검사 결과 전리방사선 사용은 없었음.
• 사용되는 원료의 포장지에 전리방사선 처리 표시가 없었음.</td><td>예</td></tr>
<tr><td>3) 추출을 위해서 허용된 물질만을 사용하였는가?</td><td>추출공정이 없으므로 해당사항 없음.</td><td>예</td></tr>
<tr><td>4) 여과를 위해 환경에 부정적 영향을 미칠 수 있는 물질이나 기술을 사용하지 않았는가?</td><td>여과공정이 없으므로 해당사항 없음.</td><td>예</td></tr>
<tr><td>5) 저장을 위해 사용된 방법은 기준에 적합한가?</td><td>• 제품의 특성상 저장을 위해서 영하 25~40도 내외로 급속 동결하여 냉동보관하고 있었음.</td><td>예</td></tr>
<tr><td rowspan="4">해충 및 병원균 관리</td><td><필수입력사항 : 요약보고의 평가자의견></td><td>예방적, 기계적, 물리적 방법으로 순차적으로 이루어지고 있었음,</td><td>예</td></tr>
<tr><td>1) 해충과 병원균의 관리를 위해 화학요법이나 방사선 요법이 사용되지 않았는가?</td><td>방사선 조사 방법은 사용되지 않고 있었으며 대신에 예방적, 기계적/물리적, 생물학적 방법으로 병해충 관리를 시행하고 있었음.</td><td>예</td></tr>
<tr><td>2) 해충 관리를 위해 허용된 방법을 순차적으로 적용하였는가?</td><td>[예방적 방법]
1) 주기적인 방충방서 모니터링
2) 주기적인 작업장 주변 점검
[기계적 · 물리적 방법]
1) 작업장 내부 유인포충 등 9개
2) 보행트랩 33개소 설치 운영
• 전문방역업체 위탁하여 방충방서 관리를 하고 있었음.
(BBB중부지사 종합위생계약서 사본 첨부)
• 상기 내용의 방법대로 순차적으로 적용하고 있었음.</td><td>예</td></tr>
<tr><td>3) 해충과 병원균 관리를 위해 장비와 시설에 허용되지 않은 물질을 사용하지 않았는가?</td><td>BBB방역업체의 관리를 받고 있었으며 허용되지 않은 물질의 사용은 없었음.
※ 폴더 內 계약서 사본 첨부</td><td>예</td></tr>
</table>

심사사항	심사사항명	평 가	예/아니오
	4) 허용되지 않은 물질이나 방법으로부터 유기식품을 보호하기 위해 격리 및 충분한 예방조치가 취해졌는가?	현장심사결과 원료실, 제품보관실, 포장재 보관실에는 허용되지 않는 약재 또는 물질들을 보관하고 있지 않았음.	예
세척 및 소독	<필수입력사항 : 요약보고의 평가자의견>	세척 및 소독에 사용된 물질은 허용된 물질들을 사용하였으며 잔류되지 않도록 조치하고 있었음.	예
	1) 세척,살균,소독에 사용된 물질이 유기식품에 잔류하지 않도록 조치하였는가?	세척은 유기쌀가루의 특성상 에어건으로 세척하고 있었고 살균, 소독 물질은 허용된 가공보조제였음.(참고로 MSDS(물질안전보건자료)에 등재된 제품이였음.)	예
	2) 사업자는 허용되지 않은 물질, 해충, 병원균, 기타 이물질로부터 유기식품을 보호하기 위하여 예방조치를 취하였는가?	현장심사 결과, 원료실, 제품보관실, 포장재 보관실에는 허용되지 않는 약재 또는 물질들을 보관하고 있지 않았음.	예
	3) 세척 또는 소독에 사용된 물질은 먹는물 또는 허용된 가공보조제 외에는 없는가?	허용된 가공보조제만 사용하고 있었고, 상수도, 자몽종자추출물로 소독하고 있었음. 기타 가공보조제 사용은 없었음.	예
	4) 세척제,살균제,소독제를 사용한 경우,유기적 순수성이 훼손되지 않도록 조치하였는가?	살균, 소독제로 그린후레쉬(자몽종자추출물)만을 사용하고 있었으며, 유기적 순수성이 훼손될 우려는 없었음.	예
포장	<필수입력사항 : 요약보고의 평가자의견>	포장재는 재활용이 가능한 재질이며, 분석 성적서 확인 결과 적합한 자재를 사용하고 있었음.	예
	1) 포장재는 재활용되었거나 재활용할 수 있는 것인가?	사용하는 포장재는 분리배출 표식이 되어 있는 재활용이 가능한 재질을 사용하고 있었음. ※ 사진 참조(재활용 마크)	예
	2) 포장재가 허용되지 않은 물질을 함유하였거나 접촉하지 아니하였다는 것을 문서로 확인할 수 있는가?	포장재는 종류별로 별도의 자재창고에 박스로 밀봉된 채로 관리되고 있었으며, 작업에 사용되는 포장재는 별도 보관되어 금지된 물질 또는 이물질과 접촉되지 않도록 관리하고 있었음. ※ 포장재 시험성적서 첨부	예
	3) 합성살균제, 방부제 훈증제 등 금지된 물질이 포장재, 유기, 저장고에 사용되지 않았는가?	공장 전체를 확인한 결과 금지된 물질을 사용하지 않고 있었고, 금지된 물질을 보관하지도 않고 있었음. (사진 참조)	예

심사사항	심사사항명	평 가	예/아니오
	4) 재활용된 자재 또는 용기는 기준에 적합하였는가?	1) 제품의 포장재 또는 용기는 재사용되지 않고 있었음. ※ 폴더 內 검사성적서 사본 첨부.	예
	5) 표시 또는 표시물의 기재사항은 기준에 적합한가?	• 유기원재료 표시 및 유기가공식 완제품의 표시사항이 모두 적합하였음.	예
원료 및 제품의 수송	<필수입력사항 : 요약보고의 평가자의견>	운송차량 점검 일지를 통하여 최선의 수송방법을 선택하고 있으며 청결 관리등의 기록을 통하여 확인이 가능하였음.	예
	1) 사업자는 환경에 미치는 악영향을 최소화할 수 있는 수송방법을 선택하였는가?	유기가공관리기준서에 환경에 미치는 나쁜 영향이 최소화되도록 원료나 제품의 수송방법을 선택하여야 한다는 기준을 마련해 실행하고 있었으며, 차량운행일지를 매일같이 작성하여 관리하는 것으로 적합한 수송방법을 선택하고 있었음.	예
	2) 수송장비와 운반용기를 세척, 소독할때 허용되지 않은 물질을 사용하지 않았는가?	• 신청자 회사에 비치되어 있는 유기가공관리기준서에 수송장비 및 운반용기의 세척/소독을 위하여 금지된 물질을 사용할 수 없다고 명시되어 있었음. • 지하수만을 이용하여 청소하고 있었음	예
	3) 수송 과정에서 유기식품이 허용되지 않은 물질이나 관행식품과 접촉 또는 혼합되지 않도록 명백히 구분하여 취급하였는가?	• 제품의 수송 시에 유기 표시된 포장재에 담겨진 완제품을 외포장 C/T 박스에 담아 팔레트 단위로 운반함으로써 비유기제품과 혼합될 수 없었음.	예
기록 및 접근 보장	<필수입력사항 : 요약보고의 평가자의견>	기록 확인 결과 취급에 관한 관리지침이 문서화되어 보존하고 있었음.	예
	1) 사업자는 유기식품의 취급 전반에 관한 기록을 작성하고 있는가? 기록한 자료는 3년 이상 보존하고 있는가?	유기가공취급기준서에 제조기록서, 원료수불부, 제품 수불부, 출고차량점검표, 해충 모니터링일지를 3년 동안 보존하는 것으로 기준이 설정되어 있었고, 실제 문서폴더의 겉에 보존기간이 3년으로 표기되어 관리되고 있음을 확인하였음. ※ 보고서 內 사진 참조	예

심사사항	심사사항명	평 가	예/아니오
	2) 유기취급계획은 가공 및 유통을 포함하는 전체 관리 시스템을 다루고 있는가?	전체관리가 엑셀을 사용하여 시스템화 되어 있어서 전체관리 시스템을 다루고 있었음.	예
	3) 표본추적 결과 이력추적이 가능하였는가?	- 역방향 이력 추적 내용 - [생산일지] LOT NO. AA-3(40KG) 추적결과 AB-3(15KG) 추적결과 • 유기농 맛좋은 떡'의 생산일지 확인 추적 결과 60KG제조 [원료수불부] • LOT NO. AA-3(40KG) 추적결과 AB-3(15KG) 추적결과 • 총 원료 55KG 원료수불부 불출 상기의 내용대로 이력추적한 결과 이력추적 확인 가능하였고 문제 없었음. (생산일지, 원료수불대장 첨부함)	예
	4) 대조감사 결과 투입과 산출량이 균형을 이루고 있는가?	투입산출 결과 - 산출 근거 - • LOT NO.A31 (완제품) : 2014. 11. 07일자를 대조함 ▪ 총투입량 : 55KG ▪ 총 산출량 : 60KG ▪ 대조감사 : 109% (60KG 산출 / 55KG 투입) ▪ 업체제시 수율 : 110% ▪ 수율이 100% 이상이 되는 원인은 제품을 생산하는 과정에서 수분이 포함되어 100% 건조물이 되지 않기 때문임.	예
	5) 가공,포장,저장,운송,판매 기타 취급에 관한 관리 지침이 문서화되어 보존되고 있는가?	• 유기원료 구매대장, 유기원료 재고관리, 제품생산일지, 제품의 재고관리, 판매처 기록, 차량운행일지 등 유기식품 가공 취급 등에 대한 기록물을 작성 문서화하여 보관 중에 있었음.	예
	6) 모든 기록 및 관련된 현장에 아무런 제한 없이 접근할 수 있는가?	• 심사원이 심사하여야 할 서류, 심사하여야 할 모든 기기 제조설비 등 원하는 곳은 아무런 제한 없이 접근 가능하였음.	예

※ 사진자료 및 기타 별첨 자료는 생략

3.3.5. 토마토즙

※ 본 샘플 보고서는 H인증기관의 서식에 맞춰 작성된 것임.

심사보고서 (가공)

<table>
<tr><td colspan="2">o 접수번호 :</td></tr>
<tr><td>o 사업자명 : 0000
o 대표자명 : 000
o 소 재 지 : 000</td><td>o 사업장명 : 00000
o 소 재 지 : 000 000
o 품 목 명 : 000유기토마토즙</td></tr>
<tr><td colspan="2">o 심사소요시간 : 총 시간
- 서류검토 월 일 시 ~ 월 일 시 (시간 분)
- 현장심사 월 일 시 ~ 월 일 시 (시간 분)
- 보고서작성 월 일 시 ~ 월 일 시 (시간 분)
- 이동(왕복) 월 일 시 ~ 월 일 시 (시간 분)
월 일 시 ~ 월 일 시 (시간 분)</td></tr>
</table>

심사유형	인증기관으로부터 전달받은 문서
☑ 최초 심사 ☐ 정기 심사 ☐ 추가 심사 ☐ 불시 심사	☑ 식품품목제조보고서 사본 ☑ 유기취급계획서 ☑ 원료 및 첨가물이 기준에 적합하다는 것을 증명하는 서류 ☑ 생산시설 도면 ☑ 품목별 제조공정도 ☐ 제품명세서 ☐ 기타 :

1.가. 일반요건	평 가	예/아니오
(1) 시설도면, 제조공정도, 제품명세 등 인증신청서 상의 모든 정보가 실제와 일치하는가?	○ 시설도면, 제조공정도 및 제품명세가 인증신청서의 내용과 일치하고, 이에 따라 실행하고 있었음. ※ 관련자료 - OHP, 식품품목제조보고서, 품질매뉴얼, 건물배치도, 설비배치도(2현장), 제조공정도,	예
(2) 유기취급계획이 계획대로 실행되고 있는가?	○ 신청서상의 유기취급계획(OHP)에 따라 실행하고 있었음. ※ 관련자료: OHP	예
(3) 가공 및 취급 전반에 걸쳐 토양의 오염이 최소화되도록 조치하고 있는가?	○ 제조과정에서 발생하는 비지, 폐수처리 후 발생하는 압착된 오니 등은 별도의 밀폐 저장탱크에 보관하였다가 전문업체에 의해 적절히 폐기되고 있었음. ※ 관련 자료 - 비지처리 : TMR(2014. 11.13) - 폐수오니 : (주)그린환경(2014.10.31) - 폐기물처리계약서(TMR, 그린환경)	예
(4) 가공 및 취급 전반에 걸쳐 대기의 오염이 최소화되도록 조치하고 있는가?	○ 가열공정(마쇄물)에 사용되는 보일러의 열원은 도시가스(LNG)를 사용함으로써 배출가스를 최소화하고 있었음.	예
(5) 가공 및 취급 전반에 걸쳐 물의 오염이 최소화되도록 조치하고 있는가?	○ 두부 제조과정에서 발생하는 폐수(원료세척, 설비세척/소독 등)는 자체 폐수처리시설에서 기준에 적합하게 처리, 배출하고 있었음. ※ 관련 자료 - 제조공정도, 폐수처리시설운영일지 - 수질검사성적서(2014.7.12, (주)원일환경)	예
(6) 금지된 물질 및 방법으로부터 유기식품을 보호하기 위해 격리 및 충분한 예방 조치를 취하고 있는가?	○ 관련규정 수립하여 적합하게 운영하고 있었음. ※ 관련 자료 - 위험물질 저장창고관리대장 확인 - 화학물 보관창고 점검표(보관운송 관리기준서) - HACCP 선행요건 관리기준서 - 보관창고 확인(원료 및 제품)	예
(7) 종업원들이 유기취급계획에 대해 훈련 받고 있는가?	○ 품질관리담당자(@@@)는 농수산물유통공사에서 시행한 유기가공식품 실무자 교육을 이수하였으며, 종업원들에게 전달교육을 실시하였음. ※ 관련 자료 - 담당자교육수료증 : @@@(식품교육제 100200호, 2010. 8. 27. aT센타교육 - 종업원교육 : 2014. 8.30, 강사 @@@, - 유기교육수료증, 사내/외부교육훈련보고서	예

(8) 종업원들은 유기 인증기준에 대하여 종합적으로 이해하고 있는가?	○ 품질관리담당자는 인증기준에 대하여 종업원을 대상으로 교육을 실시하였음. - 교육일자 : 2014.10.11 - 교육대상 : 생산1팀 @@@ 등 4명	예
(9) 사업자는 유기 인증기준에 대하여 종합적으로 이해하고 있는가?	○ 사업자는 동일한 일자에 유기작업과 관행작업을 하는 경우 유기작업을 먼저 수행함으로써 혼입을 방지한다고 대답하였었고, 기타 다른 답변에서도 유기인증기준을 이해하고 있다고 판단됨.	예

1.나. 가공원료	평 가	예/아니오
(1) 모든 원료에 대한 유기인증서 또는 유기적으로 생산 및 취급되었다는 것을 증빙하는 자료가 있었는가?	- 토마토: 신청인의 유기농장의 인증서 확인 - 제00-1-00호(####인증원) - 생산자: @@@(000 000 000 00리) - 유효기간: 2014. 2. 11. ~ 2015. 2. 10. - 최초인증일: 2004. 2. 11.(계획량 ;126톤) - 유기올리고당: 00-8-00 - 생산업체: @@@@@ - 유효기간: 2014. 9. 21. ~ 2015. 9. 20. ※ 기타 관련 자료(자료 첨부) - 품목제조보고서, 자체검서성적서(중앙생명과학연구원), 생산일지 등	예
(2) 비유기 원료가 사용된 경우 불가피하였는가? 유기원료를 구하기 위해 어떠한 노력을 하였는가?	- 비유기원료 없음.	예
(3) 비유기 원료가 사용된 경우 물과 소금을 제외한 제품 중량에 대한 비유기 원료의 중량 비율이 5% 이하였는가?	**※ 다음 페이지에 계산 과정을 작성하시오.** **- 유기원료비율:** 100%	예
(4) 사업자는 비유전자변형 확인서 등 유전자변형이 아님을 증빙할 수 있는 자료를 가지고 있었는가?	- 해당사항 없음. - 유기농산물인증을 받았으며, - 유기농산물(토마토)은 GMO가 없음.	-
(5) 수질검사성적서가 있었는가? 검사결과는 먹는 물 기준에 적합하였는가?	- 상수도를 사용 - @@@ 상수도사업소 수질검사 결과 첨부 - 마을상수도 영수증(10월분) 확인(00리)	예
(6) 소금이 식품기준에 적합하였는가?	- 소금(천일염) 시험성적서 첨부 - 의뢰처(인): ㈜태평소금 (000)-2010/8/24 - 주소: 신안군 중도면 대초리 00-37 - 시험기관: 계명대학교 전통미생물자원연구센터 - 제14-2-632호(발급번호 14-07-168호)	예

(7) 미생물 제제가 사용된 경우, 그것이 유전자변형 미생물에서 유래된 것이 아님을 증빙하는 자료가 있었는가?	- 사용 안함.(해당사항 없음.)	-
(8) 첨가물 또는 가공보조제가 사용된 경우, 사용된 물질이 허용된 것인가? 그 사용이 불가피하였는가? 최소량만을 사용하였는가?	- 사용 안함.(해당사항 없음.)	예

1.다. 가공방법	평 가	예/아니오
(1) 가공방법은 허용된 방법만을 사용하였는가?	○ 가공방법은 원료세척, 마쇄, 가열, 여과, 성형, 냉`각, 포장 등 허용된 기계적/물리적 방법만을 사용하였음. ※ 관련 자료 - 식품품목제조보고서, 유기취급관리기준서	예
(2) 유기식품에 관한 모든 가공 및 취급 과정에서 방사선이 사용되지 않았는가?	○ 시설관찰 결과 방사선 조사표지 및 시설이 발견되지 않았음.	예
(3) 추출을 위해서 허용된 물질만을 사용하였는가?	○ 제조공정상 추출공정이 없으므로 해당사항 없음.	-
(4) 여과를 위해 환경에 부정적 영향을 미칠 수 있는 물질이나 기술을 사용하지 않았는가?	○ 여과기에서 순차적으로 스크류방식과 원심분리방식에 의하여 분리되며 여과망의 재질은 스테인리스였음. ※ 관련 자료 - 제조공정흐름도, 시설관찰 결과	예
(5) 저장을 위해 사용된 방법은 기준에 적합한가?	○ 제품의 저장은 5℃ 이하의 저장고에서 관리되고 있었으며, 특히 유통 시에도 cold chain 시스템을 적용하고 있었음. ※ 관련 자료 - 현장 확인: 저온저장고 - 냉장보관창고 점검일지 - 보관운송관리기준서(선행요건관리기준서)	예

o 유기원료 투입비율 계산 과정

2.가. 해충 및 병원균 관리	평 가	예/아니오
(1) 해충과 병원균의 관리를 위해 화학 요법이나 방사선 요법이 사용되지 않았는가?	- 공장시설과 서류 확인 결과, 화학 요법이나 방사선 요법은 사용하지 않고 있었음. ※ 관련 자료 - 유기취급기준서 - 방충방서 점검일지(12/8일자 확인) - 위생점검 체크리스트	예
(2) 해충 관리를 위해 허용된 방법을 순차적으로 적용하였는가?	- 순차적으로 적용하고 있었음. - 예방적 방법: 출입문 밀폐, 제초 작업, 쥐 서식처 제거, 청결(건조)유지(실내, 외) - 기계적 방법: 방충망, 포충등, 쥐끈끈이 설치 - 허용자재: 없음 - 비허용자재: 없음 ※ 관련 자료 - 현장(장비, 시설) 확인 - 위의 (1)항 자료 확인	예
(3) 해충과 병원균 관리를 위해 장비와 시설에 허용되지 않은 물질을 사용하지 않았는가?	- 허용되지 않은 물질은 사용하지 않았음. ※ 관련 자료 - 현장(장비, 시설) 확인 - 위의 (1)항 자료 확인	예
(4) 허용되지 않은 물질이나 방법으로부터 유기식품을 보호하기 위해 격리 및 충분한 예방조치가 취해졌는가?	- 허용되지 않은 물질을 사용하지 않았으며, 예방조치가 취해졌다고 판단됨. ***- 방역업체와는 계약하지 않고 자체적으로 처리하고 있었음.*** ※ 관련 자료 - 현장(장비, 시설) 확인 - 위의 (1)항 자료 확인	예

2.나. 세척, 소독	평 가	예/아니오
(1) 세척, 살균, 소독에 사용된 물질이 유기식품에 잔류하지 않도록 조치하였는가?	○ 세척/소독제로 카우스틱소다(가공시설), 새니크린쿼트(가공시설), 신창크린# 100(면포)를 사용하고 있으며, 가공시설에는 CIP방식으로 적용한 후 잔류검사는 현장에서 pH meter(카우스틱소다, 신창크린#100), Hydrion QT-10(새니크린쿼터)로 측정하여 잔류하지 않도록 조치하였으며, CIP는 관련 규정에 따라 실행하고 있었음. ※ 관련 자료 - 제조설비 pH측정일지, CIP 실시관리계획, 위생관리기준서	예

<table>
<tr>
<td>(2) 사업자는 허용되지 않은 물질, 해충, 병원균, 기타 이물질로부터 유기식품을 보호하기 위하여 예방조치를 취하였는가?</td>
<td>○ 제품의 제조에 허용되지 않은 첨가물 사용하지 않았음.
○ 해충관리를 위하여 시설내부에 허용되지 않은 물질을 사용하지 않았음.
○ 세척/소독제 사용된 물질은 적용 후 잔류여부 검사를 통하여 잔류하지 않도록 조치하고 있었음.
○ 관행작업 후 세척/소독(CIP)을 통하여 관행작업 잔류물을 제거함으로써 이물질에 의한 오염이 없었음.
※ 관련 자료
- 제조설비pH측정일지, 소독필증</td>
<td>예</td>
</tr>
<tr>
<td>(3) 세척 또는 소독에 사용된 물질은 먹는 물 또는 허용된 가공보조제 외에는 없는가?</td>
<td>○ 원료 토마토 세척에는 먹는 물(지하수)을 사용하고 있었음.
※ 관련 자료
- 식품품목제조보고서, 현장관찰 결과</td>
<td>예</td>
</tr>
<tr>
<td>(4) 세척제, 살균제, 소독제를 사용한 경우, 유기적 순수성이 훼손되지 않도록 조치하였는가?</td>
<td>○ 가공시설 및 면포의 세척/소독제로 카우스틱소다(가공시설), 새니크린퀴터(가공시설),신창크린#100(면포)를 사용하고 있으며, 가공시설에는 CIP방식으로 적용 한 후 잔류검사는 현장에서 pH meter(카우스틱소다, 신창크린#100), Hydrion QT-10(새니크린퀴트)로 측정하여 잔류하지 않도록 조치하고 있었으며, 세척/소독제는 전용창고에 별도로 보관관리하고 있었음.
- 세척/소독제의 사용실태
<table>
<tr><th>제품명</th><th>성분조성</th><th>용도</th><th>잔류검사</th></tr>
<tr><td>카우스틱소다</td><td>수산화나트륨</td><td>가공시설</td><td>pH메타</td></tr>
<tr><td>새니크린퀴트</td><td>염화알킬벤질디메틸암모늄</td><td>가공시설</td><td>QT10</td></tr>
<tr><td>신창크린#100</td><td>탄산소다,
메타인산소다,
황산소다 등</td><td>면포</td><td>pH메타</td></tr>
</table>
※ 관련 자료
- MSDS, OHP, 시설관찰 결과</td>
<td>예</td>
</tr>
</table>

<table>
<tr><th>2.다. 포장</th><th>평 가</th><th>예/
아니오</th></tr>
<tr>
<td>(1) 포장재는 재활용되었거나 재활용할 수 있는 것인가?</td>
<td>- 재활용이 가능하였음.
- 재활용인증마크가 부착되어 관리되었음.
- 포장재:
PE(은박필름 ; PET+AL+LDPE)
※ 관련 자료
- 포장재 표시(분리배출) 확인(자료 첨부)</td>
<td>예</td>
</tr>
</table>

(2) 포장재가 허용되지 않은 물질을 함유하였거나 접촉하지 아니하였다는 것을 문서로 확인할 수 있는가?	- 시험성적서로 확인하였음. - 시험결과: 적합 - 시험항목: 식품 포장지 PE - 의뢰인: 삼화화학 - 분석기관: 충청북도보건환경연구원 - 접수번호: 515(2014/ 5/ 25) ※ 관련 자료 포장재시험 성적서(추가자료로 첨부됨)	예
(3) 합성살균제, 방부제, 훈증제 등 금지된 물질이 포장재, 용기, 저장고에 사용되지 않았는가?	- 현장과 서류 확인 결과 사용하지 않았음. ※ 관련 자료 - 유기취급기준서 - 청소일지	예
(4) 재활용된 자재 또는 용기는 기준에 적합하였는가?	- 재활용이 가능하나 재활용을 하지 않고 있었으며, - 시험성적서 상으로 적합하였음. ※ 관련 자료 현장과 포장재시험성적서	예
(5) 표시 또는 표시물의 기재사항은 기준에 적합한가?	- 제품 표시사항은 인증을 받은 후에 인증기관과 상의 후 제작할 계획이라 하였음. ※ 관련 자료 초안(포장재 표시라벨)은 자료가 첨부됨.	예

2.라. 원료 및 제품의 수송	평 가	예/ 아니오
(1) 사업자는 환경에 미치는 악영향을 최소화할 수 있는 수송방법을 선택하였는가?	- 유기토마토는 인근(400m) 자가농장(3,000평)에서 1톤 회사 화물차로 운반 - 유기올리고당(@@@)은 택배로 운송됨. ※ 출하처는 유통업체와 직거래를 하며, - 유통업체(000)는 회사 자가 냉장차량으로 운반 - 인터넷 직거래는 택배회사(우체국)의 차량을 이용하였음.	예
(2) 수송 장비와 운반용기를 세척, 소독할 때 허용되지 않은 물질을 사용하지 않았는가?	- 적합 - 차량은 물과 빗자루, 밀대로 청소하였음. ※ 관련 자료 : 위생점검일지	예
(3) 수송 과정에서 유기식품이 허용되지 않은 물질이나 관행식품과 접촉 또는 혼합되지 않도록 명백히 구분하여 취급하였는가?	- 적합 - 원료 운반: 유기인증 받은 토마토 - 제품: 유기제품 생산 일에는 유기제품만 생산하였음. ※ 관련 자료 현장 확인	예

2.마. 기록 및 접근 보장	평 가	예/아니오
(1) 사업자는 유기식품의 취급 전반에 관한 기록을 작성하고 있는가? 기록한 자료는 3년 이상 보존하고 있는가?	- 유기농업은 1994년도에 시작하였고, 2002년부터 최초인증(토마토유기인증)을 받았으며, - 유기가공제품은 2009년 11월 시작하였다고 하며, 기록은 없었음. - 유기 관련 서류는 인증을 준비하면서 2010년부터 기록을 시작하였음. - 기록 보존기간은 3년으로 규정(유기취급기준서)하고 있으며 보존할 계획이라 하였음. - 유기취급기준서에 근거하여 관련 자료와 양식들을 작성 관리하고 있었음. ※ 관련자료 유기취급기준서, 생산일지, 방충방서 점검일지, 위생점검 체크리스트, 포장재서류 등	예
(2) 유기취급계획은 가공 및 유통을 포함하는 전체 관리 시스템을 다루고 있는가?	- 전체 관리시스템을 다루고 있다고 판단됨. - 법 조항에 준하여 유기취급기준서를 제정(2010.11.20.)하고, 그 기준에 따라 구성하였음.	예
(3) 표본추적 결과 이력추적이 가능하였는가?	※ 다음 페이지에 표본 추적한 내용을 작성하시오.	예
(4) 대조감사 결과 투입과 산출량이 균형을 이루고 있는가?	※ 다음 페이지에 대조 감사한 내용을 작성하시오.	예
(5) 가공, 포장, 저장, 운송, 판매, 기타 취급에 관한 관리 지침이 문서화되어 보존되고 있는가?	- 유기취급기준서 내에 가공, 포장, 저장, 운송, 판매, 기타 취급에 관한 관리 지침이 문서화되어 있다고 판단됨. ※ 관련 자료 유기취급기준서	예
(6) 모든 기록 및 관련된 현장에 아무런 제한 없이 접근할 수 있는가?	- 모든 기록과 장소에 동의를 구하여 제한 없이 접근할 수 있었으며, - 사진촬영도 하였음.	예

심사 보고 요약

접수번호 :

조항 번호	범 위	부적합 사항
1.가.	일반요건	없음
1.나.	가공원료	없음
1.다.	가공방법	없음
2.가.	해충 및 병원균 관리	없음
2.나.	세척, 소독	없음
2.다.	포장	없음
2.라.	원료 및 제품의 수송	없음
2.마.	기록 및 집근 보장	없음

※ '부적합 사항'에는 인증기준에 부적합한 사항을 요약하여 기록하되 '변경 또는 불일치 사항', '부족한 정보'가 있으면 함께 기술하시오.

ㅇ 표본추적 및 대조감사 과정 및 결과 생략
ㅇ 그 밖의 참고 사항

ㅇ 시료채취 (해당되는 경우) - 채취 사유 : - 채취 장소 : - 시료 내용 및 양 :

심사 종료일	신청자 측 담당자 서명	심사원 서명
2014. 00. 00	@@@	###

4. 유기가공식품 인증심사 점검목록

4.1. 일반요건

점검사항	점검요령
1. 시설도면, 제조공정도, 제품명세 등 인증신청서 상의 모든 정보가 실제와 일치하는가?	- 제공된 자료(유기취급계획서)와 업체의 경영 관련 자료(ERP 및 수기록 자료)와 현장이 일치하는지 여부.
2. 유기취급계획이 계획대로 실행되고 있는가?	
3. 가공 및 취급 전반에 걸쳐 대기, 물, 토양의 오염이 최소화되도록 조치하고 있는가?	- 저장, 포장, 운송, 판매 등의 활동 시 환경에 대한 유기취급계획서(기준서 등)의 합당성 및 준수 상황 여부.
4. 금지된 물질 및 방법으로부터 유기식품을 보호하기 위해 격리 및 충분한 예방 조치를 취하고 있는가?	- 오염 및 혼입 방지 방안 및 실태. - 구분관리 실태 파악.
5. 종업원들이 유기취급계획에 대해 훈련 받고 있는가?	- 교육관련 자료로 확인(교육 내용, 교육 주기, 강사 등) 후 교육의 적정성 파악.
6. 사업자와 종업원들은 유기 인증기준에 대하여 종합적으로 이해하고 있는가?	- 대표, 임원 및 직원 면담(질의)으로 이해 여부 파악. <질문 내용의 예> - 허용된 식품첨가물 또는 가공보조제 목록을 확인하는 방법은? - 비유기 원료가 5%내외로 허용되는 경우는 어떤 경우인가? - 유기적 순수성이란 무엇인가? - 병해충 관리방법 중 순차적 적용이란 무엇인가? - 원료의 입고과정에서 기록해야 하는 문서는 무엇인가?

4.2. 가공원료

점검사항	점검요령
1) 모든 원료에 대한 유기인증서 또는 유기적으로 생산 및 취급되었다는 것을 증빙하는 자료가 있었는가?	- 유기원료의 인증서, 거래명세서(생산자 내역=이름, 품목, 거래량, 필지현황 등, 인증번호, 인증기관명 등이 수록).
2) 비유기 원료가 사용(5% 이내)된 경우 불가피하였는가? 유기원료를 구하기 위해 어떠한 노력을 하였는가?	- 상업적 조달을 할 수 없는 경우의 노력한 근거 자료 ○ 관련기관(제조업체, 유통업체, 농가 등) 문의 후 그에 대한 답변지, 통화내역(통화자 직책 포함)의 기록 등의 자료. ○ 인터넷 검색 시 검색한 관련 자료의 조사자료 등.

점검사항	점검요령
3) 비유기 원료가 사용된 경우 물과 소금을 제외한 제품 중량에 대한 비유기 원료의 중량 비율이 5% 이하였는가?	- 대조감사의 투입산출분석에 의해 파악.
4) 유전자변형 원료나 미생물제제가 아님을 증빙할 수 있는 자료가 있는가?	- GMO 주요품목 ○ 콩, 옥수수, 유채, 감자, 사탕수수, 미생물 등. ○ 의심이 되는 경우 GMO 검사증명서를 요구.
5) 수질검사성적서가 있는가? 검사 결과는 먹는 물 기준에 적합한가?	- 먹는 물 수질검사성적서(상수도의 경우 사용 영수증). - 물의 2차 오염 여부 확인: 물탱크 청소내역과 배관의 노후상태 등.
6) 소금은 식품기준에 적합한가?	- 소금: 식품의 기준에 적합하고 화학공정에 의하지 않았으며, 합성물질을 첨가하지 않은 것
7) 첨가물 또는 가공보조제가 사용된 경우, 사용된 물질이 허용된 것인가? 그 사용이 불가피한가? 최소량만을 사용하는가?	- 최소량을 사용한다는 선정기준의 자료. - [별표1]의 허용물질(식품첨가물 및 가공보조제)이 최소량을 사용하기 위해 자체 전문가들의 회의록 또는 실험 연구한 실험자료 등.

4.3. 가공방법

점검사항	점검요령
1) 가공방법은 허용된 방법만 사용하는가?	- 제조공정도에 따른 현장 확인(품목제조보고서 상 가공방법과 비교).
2) 병행생산의 경우 어떤 방법으로 관리하는가? 원료의 관리, 가공방법, 제품(반제품 포함)의 관리 등	- 서류: 병행생산 시 각각의 관리기준 및 자료 확인. - 현장: 각각의 구분관리 및 가공방법의 타당성 검토.
3) 모든 가공 및 취급 과정에서 방사선이 사용되지 않는가?	- 사용 시 어떤 목적으로 사용하였는지 적정성 검토.
4) 추출을 위한 물질은 허용된 물질만 사용하는가?	- 추출공정을 확인하고, 추출의 방법과 사용한 물질의 적정성 검토.
5) 여과를 위해 환경에 부정적 영향을 미칠 수 있는 물질이나 기술을 사용하지 않는가?	- 여과공정을 확인하고 여과 방법과 사용한 물질에 대한 적정성 검토(여과 재료의 시험성적서 등).
6) 저장을 위해 사용된 방법은 기준에 적합한가?	- 저장창고(냉동, 냉장, 일반, 위탁창고 = 심사대상임)를 확인하고 오염과 혼입의 방지를 위해 비유기 식품과 구획구분을 하였는지 관리방법 확인.

4.4. 해충 및 병원균의 관리

<table>
<tr><th>점검사항</th><th>점검요령</th></tr>
<tr><td>1) 해충과 병원균의 관리를 위해 화학 요법이나 방사선 요법이 사용되지 않았는가?</td><td>- 방역한 자료에 허용되지 않은 화학적 방법이나 방사선 조사한 자료가 있는지 확인.</td></tr>
<tr><td>2) 해충관리를 위해 허용된 방법을 순차적으로 적용하였는가?</td><td>- 순차적 적용이 이루어지고 있는지 확인.
- 예방적 방법을 사용하지 않고 물리적, 생물학적 방제에만 의존하는 것도 기준 위반임.</td></tr>
<tr><td>3) 해충과 병원균 관리를 위해 장비와 시설에 허용되지 않은 물질을 사용하지 않는가?</td><td rowspan="2">- 방제한 물질 목록 확인.
- 비허용물질일 경우 충분한 예방조치가 취해졌는지에 대한 기록과 현장을 확인.
- 방역업체와 위탁 시 계약서 확인(유기적 관리를 한다는 사항 및 방역처리한 자료 등).</td></tr>
<tr><td>4) 허용되지 않은 물질이나 방법으로부터 유기식품을 보호하기 위해 격리 및 충분한 예방조치가 취해지는가?</td></tr>
</table>

4.5. 세척 및 소독

<table>
<tr><th>점검사항</th><th>점검요령</th></tr>
<tr><td>1) 세척, 살균, 소독에 사용된 물질이 유기식품에 잔류하지 않도록 조치하는가?</td><td rowspan="4">- 세척제와 소독제의 사용을 가급적 최소화하는 방안 수립 확인.
- 사용한 자제가 허용기준에 적합한 것인지 확인.
- 허용되지 않은 물질이 사용되었는지의 여부를 확인.
- 비허용물질일 경우 필요한 예방조치가 취해졌는지에 대한 기록(CIP 물질목록, 청소일지 등)과 현장을 확인.
- 세척, 소독 후 해당물질이 잔류하지 않고 있음을 실험적인 결과로 증명/기록/관리사항 점검.
- 계면활성제(비누류)는 허용자재가 아님.</td></tr>
<tr><td>2) 사업자는 허용되지 않은 물질, 해충, 병원균, 기타 이물질로부터 유기식품을 보호하기 위하여 예방조치를 취하는가?</td></tr>
<tr><td>3) 세척 또는 소독에 사용된 물질은 먹는 물 또는 허용된 가공보조제 외에는 없는가?</td></tr>
<tr><td>4) 세척제, 살균제, 소독제를 사용하는 경우, 유기적 순수성이 훼손되지 않도록 조치하는가?</td></tr>
</table>

4.6. 포장

<table>
<tr><th>점검사항</th><th>점검요령</th></tr>
<tr><td>1) 포장재는 재활용되었거나 재활용할 수 있는 것인가?</td><td rowspan="2">- 포장재의 적정성 여부 확인: 환경 친화적인 포장재이며 동시에 유기식품을 오염시키지 않는 포장재(예 : 생분해성재질)인지, 재활용이 가능한지.
- 포장재 시험성적서 확인.</td></tr>
<tr><td>2) 포장재가 허용되지 않은 물질을 함유하였거나 접촉하지 아니하였다는 것을 문서로 확인할 수 있는가?</td></tr>
</table>

점검사항	점검요령
3) 합성살균제, 방부제, 훈증제 등 금지된 물질이 포장재, 용기, 저장고에 사용되지 않는가?	- 저장시설, 용기, 포장재 등의 규격을 확인하고, 사용하고자 하는 자재와 저장고의 적절한 관리(기준 적합성)를 하고 있는 여부 확인(기록 및 현장).
4) 재활용된 자재 또는 용기는 기준에 적합하였는가?	
5) 표시 또는 표시물의 기재사항은 기준에 적합한가?	- 표시사항 및 포장방법, 제품의 라벨 등이 기준에 적합한지 확인.

4.7. 원료 및 제품의 수송

점검사항	점검요령
1) 환경에 미치는 악영향을 최소화할 수 있는 수송 방법을 선택하는가?	- 유기원료, 반제품, 완제품을 수송할 때나, 유기제품과 비유기제품, 기타 금지물질과 부득이 하게 함께 적재를 하는 경우에는 칸막이 또는 랩으로 재포장을 하는 등 구분관리(적재) 여부 확인: 유기취급계획서 중 구분관리계획 / 차량관리대장 / 세척일지(위생점검일지) 등. - 유기식품(원료포함)이 벌크(Bulk)로 저장, 수송되는 경우 유기표시를 어떻게 하는지 확인.
2) 수송 장비와 운반용기를 세척, 소독할 때 사용 물질은 어떤 것인가?	
3) 수송, 저장 등의 과정에서 유기식품이 허용되지 않은 물질이나 관행식품과 접촉 또는 혼합되지 않도록 명백히 구분하여 취급하는가?	

4.8. 기록 및 접근보장

점검사항	점검요령
1) 사업자는 유기식품의 취급 전반에 관한 기록을 작성하고 있는가? 기록한 자료는 3년 이상 보존하고 있는가?	- 운영을 위한 지침서(유기관리기준서 또는 내부규정 등)의 내용이 취급과정 전반에 걸쳐 유기적 순수성이 이루어질 수 있는지 검토(환경을 고려한 운영, 관리체계 문서화의 적정성과 실행 여부 등). - 3년 이상의 경영관련 자료 유무 확인.
2) 유기취급계획은 가공 및 유통을 포함하는 전체 관리 시스템을 다루고 있는가?	
3) 가공, 포장, 저장, 운송, 판매, 기타 취급에 관한 관리 지침이 문서화되어 보존, 실천되고 있는가?	
4) 표본추적 결과 이력추적이 가능하였는가?	- 추적감사, 대조감사(투입산출분석) 실시.
5) 대조감사 결과 투입과 산출량이 균형을 이루고 있는가?	
6) 모든 기록 및 관련된 현장에 아무런 제한 없이 접근할 수 있는가?	- '모든 기록 및 관련 현장에 접근할 수 있도록 조건 없이 보장하여야 한다.'는 조항의 유무 확인.

첨부 1. 해설: 유기가공식품 1) 식품첨가물 및 가공보조제로 사용이 가능한 물질

<table>
<tr><th rowspan="2">명칭(한)</th><th rowspan="2">명칭(영)</th><th rowspan="2">국제 분류번호 (INS)</th><th colspan="2">식품첨가물로 사용 시</th><th colspan="2">가공보조제로 사용 시</th></tr>
<tr><th>허용 여부</th><th>허용 범위</th><th>허용 여부</th><th>허용범위</th></tr>
<tr><td>과산화수소</td><td>Hydrogen peroxide</td><td></td><td>×</td><td></td><td>○</td><td>식품 표면의 세척 · 소독제</td></tr>
<tr><td rowspan="2">구아검</td><td>Guar gum</td><td>412</td><td>○</td><td>제한 없음</td><td>×</td><td></td></tr>
<tr><td colspan="6">- 식품의 점착성 및 점도를 증가시키고 유화안정성을 증진
- 백황색의 분말로서 냄새 없음. - 콩과구아 종, 다당류
- 아이스크림의 안정제, 디저트의 보형제</td></tr>
<tr><td rowspan="2">구연산</td><td>Citric acid</td><td>330</td><td>○</td><td>제한 없음</td><td>○</td><td>제한 없음</td></tr>
<tr><td colspan="6">- 산성조미료, - 식용유의 산패방지제(synergist)
- 청량음료수, 혼성주, 캔디, 젤리, 잼, 빙과, 통조림 등의 산성조미료</td></tr>
<tr><td rowspan="2">구연산삼나트륨</td><td>Trisodium citrate</td><td>331 (ii)</td><td>○</td><td>소시지, 난백의 저온살균, 유제품, 과립음료</td><td>×</td><td></td></tr>
<tr><td colspan="6">- 유기산계 조미료
- 청량음료수의 산미 완화제, 가공식품, 잼, 젤리, 사탕 등의 pH 조정제, 유제품의 산패방지제, 치즈와 어육연제품의 증점제, 아이스크림의 유화 및 안정제로
- 청량음료수에 시트르산의 신맛을 완화할 목적</td></tr>
<tr><td rowspan="2">구연산칼륨</td><td>Potassium citrate</td><td>332</td><td>○</td><td>제한 없음</td><td>×</td><td></td></tr>
<tr><td colspan="6">- 투명한 결정 또는 백색 입상 분말
- 산도조절제 - 염류 식품제조용 첨가물</td></tr>
<tr><td rowspan="2">구연산칼슘</td><td>Calcium citrate</td><td>333</td><td>○</td><td>제한 없음</td><td>×</td><td></td></tr>
<tr><td colspan="6">- 칼슘강화제로 과자류, 된장, 낫또 등에 첨가
- 토마토 통조림에는 조직응고제 - 식품의 산도조절제</td></tr>
<tr><td rowspan="2">규조토</td><td>Diatomaceous earth</td><td></td><td>×</td><td></td><td>○</td><td>여과보조제</td></tr>
<tr><td colspan="6">- 단세포 조류(藻類)인 규조의 규산질유해(硅酸質遺骸)가 바다나 호수 바닥에 쌓여서 생성된 퇴적물
- 미세한 다공질(多孔質)이기 때문에 흡수성이 강함.</td></tr>
</table>

<table>
<tr><th rowspan="2">명칭(한)</th><th rowspan="2">명칭(영)</th><th rowspan="2">국제 분류번호 (INS)</th><th colspan="2">식품첨가물로 사용 시</th><th colspan="2">가공보조제로 사용 시</th></tr>
<tr><th>허용 여부</th><th>허용 범위</th><th>허용 여부</th><th>허용범위</th></tr>
<tr><td rowspan="2">글리세린</td><td>Glycerin</td><td>422</td><td>○</td><td>제한없음(가수분해로 얻어진 식물유래의 글리세린만 사용할 수 있다)</td><td>×</td><td></td></tr>
<tr><td colspan="6">- 무색 투명의 액체로 냄새가 없고 단맛이 있는 용제
- 빵, 케이크, 카스테라 등의 습윤제로 사용하며, 합성청주의 점조제, 과자에서 설탕의 결정석출방지제,</td></tr>
<tr><td rowspan="2">퀼라야추출물</td><td>Quillaia Extract</td><td>999</td><td>×</td><td></td><td>○</td><td>설탕 가공</td></tr>
<tr><td colspan="6">- 증점제: 점도를 증가시키는 물질
- 식품의 점착성 및 점도를 증가시키고 유화안정성을 증진
- 미과 퀼라야(Quillaia saponaria MOLINA)의 수피를 물로 추출·정제하여 얻어진 것으로써 주성분은 사포닌
- 배당체의 당잔기 부분을 친수기로 하는 계면활성제(친수성)
- 기포력을 이용하여 쉐이크 드링크, 발포제, 탄산음료 등에 사용
- 1일허용섭취량(ADI)은 0.0-5.0 mg/kg</td></tr>
<tr><td rowspan="2">레시틴</td><td>Lecithin</td><td>322</td><td>○</td><td>제한 없음.(다만, 표백제 및 유기용매를 사용하지 않고 얻은 레시틴만 사용할 수 있음.)</td><td>×</td><td></td></tr>
<tr><td colspan="6">- 난황, 콩기름, 간, 뇌 등에 다량 존재하는 복합지질로,
- 한 쪽은 친유성, 한쪽은 친수성(유화제) - 달걀의 노른자에서 분리</td></tr>
<tr><td rowspan="2">로커스트콩검</td><td>Locust bean gum</td><td>410</td><td>○</td><td>식물성제품, 유제품, 육제품</td><td>×</td><td></td></tr>
<tr><td colspan="6">- 지중해 연안의 콩과 상록수인 carob tree서 채취
- 마노스와 갈락토스(4:1)로 구성 - 점착성 및 점도를 증가시키고 유화안정성을 증진</td></tr>
<tr><td>무수아황산</td><td>Sulfur dioxide</td><td>220</td><td>○</td><td>과일주</td><td>×</td><td></td></tr>
<tr><td rowspan="2">밀납</td><td>Beeswax</td><td>901</td><td>×</td><td></td><td>○</td><td>이형제</td></tr>
<tr><td colspan="6">- 벌집서 가열압착법·용제추출법 로 채취 - 점착성이 있는 비결정성 물질
- 밀랍인형</td></tr>
<tr><td rowspan="2">백도토</td><td>Kaolin</td><td>559</td><td>×</td><td></td><td>○</td><td>청징 또는 여과보조제</td></tr>
<tr><td colspan="6">- 장석류가 탄산, 물 의해 화학적 분해 생성 - 경남 하동</td></tr>
</table>

<table>
<tr><th rowspan="2">명칭(한)</th><th rowspan="2">명칭(영)</th><th rowspan="2">국제 분류번호 (INS)</th><th colspan="2">식품첨가물로 사용 시</th><th colspan="2">가공보조제로 사용 시</th></tr>
<tr><th>허용 여부</th><th>허용 범위</th><th>허용 여부</th><th>허용범위</th></tr>
<tr><td rowspan="2">벤토나이트</td><td>Bentonite</td><td>558</td><td>×</td><td></td><td>○</td><td>청징 또는 여과보조제</td></tr>
<tr><td colspan="6">- 광물인 몬모릴로나이트가 주로 들어있는 점토
- 주물형의 결합제, 요업원료의 혼입제, 연고의 기초제</td></tr>
<tr><td rowspan="2">비타민 C</td><td>Vitamin C</td><td>300</td><td>○</td><td>제한 없음</td><td>×</td><td></td></tr>
<tr><td colspan="6">- 선원들에게 많이 발병한 괴혈병 - 아스코르브산, 항산화제
- 환원제 역할, 분유 및 식품의 산화방지제</td></tr>
<tr><td rowspan="2">DL-사과산</td><td>DL-Malic acid</td><td>296</td><td>○</td><td>제한 없음</td><td>×</td><td></td></tr>
<tr><td colspan="6">- 정미료의 일종으로 유기산계 조미료,산도 조절제
- 백색 결정성 분말, 냄새는 없으며, 짠맛 - $C_4H_4O_5Na_2\ nH_2O$(n = 3 또는 1/2)</td></tr>
<tr><td>산소</td><td>Oxygen</td><td>948</td><td>○</td><td>제한 없음</td><td>○</td><td>제한 없음</td></tr>
<tr><td rowspan="2">산탄검</td><td>Xanthan gum</td><td>415</td><td>○</td><td>지방제품, 과일 및 채소제품, 케이크, 과자, 샐러드류</td><td>×</td><td></td></tr>
<tr><td colspan="6">- 점착성 및 점도, 유화안정성을 증진, 결착제 - 고분자 다당류 검물질
- 포도당, 마노스 및 글루크론산의 나트륨, 칼륨 및 칼슘염 등으로 구성된 혼합물</td></tr>
<tr><td rowspan="2">수산화나트륨</td><td>Sodium hydroxide</td><td>524</td><td>○</td><td>곡류제품</td><td>○</td><td>설탕가공 중의 산도 조절제, 유지가공</td></tr>
<tr><td colspan="6">- NaOH. 가성소다 - 식품공업용약품(중화제, 귤의 박피, 유리병세정)
- 최종식품의 완성 전에 중화 또는 제거
- 백색의 소구상, 편상, 막대상 결정성 분말</td></tr>
<tr><td rowspan="2">수산화칼륨</td><td>Potassium hydroxide</td><td>525</td><td>×</td><td></td><td>○</td><td>설탕 및 분리대두단백 가공 중의 산도조절제</td></tr>
<tr><td colspan="6">- KOH - 수산화나트륨과 같이 강한 알칼리로써 색, 성질 모두 수산화나트륨과 닮았다.
- 눈이나 피부에 닿지 않도록 주의</td></tr>
<tr><td rowspan="2">수산화칼슘</td><td>Calcium hydroxide</td><td>526</td><td>○</td><td>토르티야</td><td>○</td><td>산도조절제</td></tr>
<tr><td colspan="6">- 소석회, 수산화석회 - 설탕정제, 물의 연화, 탄산칼슘의 가성화, 표백분 제조,
- 사용량 : 칼슘으로서 식품의 1% 이하(본품으로 1.84% 이하)일 것</td></tr>
<tr><td>아라비아검</td><td>Arabic gum</td><td>414</td><td>○</td><td>식물성 제품, 유제품, 지방제품</td><td>×</td><td></td></tr>
</table>

명칭(한)	명칭(영)	국제 분류번호 (INS)	식품첨가물로 사용 시		가공보조제로 사용 시	
			허용 여부	허용 범위	허용 여부	허용범위
알긴산	Alginic acid	400	○	제한 없음	×	
	- 요약, 갈조류(褐藻類)의 세포막을 구성하는 다당류 - 아이스크림·잼·마요네즈 등의 점성도를 증가 - 포유류는 알긴산을 분해하는 효소가 없음					
알긴산나트륨	Sodium alginate	401	○	제한 없음	×	
알긴산칼륨	Potassium alginate	402	○	제한 없음	×	
염화마그네슘	Magnesium chloride	511	○	두류제품	○	응고제
	- $MgCl_2 \cdot 6HO_2$. 간수 -제염부산물 간수로부터 제조					
염화칼륨	Potassium chloride	508	○	과일 및 채소제품, 비유화소스류, 겨자제품	×	
	- 백색의 결정성 물질로써, KCl - 염을 만드는데 부산물로써 또 해조(海藻)로부터 채취					
염화칼슘	Calcium chloride	509	○	과일 및 채소제품, 두류제품, 지방제품, 유제품, 육제품	○	응고제
	- $CaCl_2 \cdot 2H_2O$. 강화제, 두부제조 간수 대용 - 칼슘으로서 식품의 1% 이하					
오존수	Ozone water		×		○	식품 표면의 세척 · 소독제
이산화규소	Silicon dioxide	551	○	허브, 향신료, 양념류 및 조미료	○	겔 또는 콜로이드 용액제
	- 규소의 산화물. 천연에서 이산화규소, 규조토, 자도토 등으로 존재, 고결방지제 - 실리카겔(silica gel)은 식품의 건조제 - 여과보조제로 최종제품 완성 전에 제거할 필요					
이산화염소(수)	Chlorine dioxide	926	×		○	식품 표면의 세척 · 소독제
이산화탄소	Carbon dioxide	290	○	제한 없음	○	제한 없음
인산나트륨	Sodium phosphate (Mono-,Di-,Tribasic)	339 (i)(ii)(iii)	○	가공치즈	×	
	- 통조림, 가공치즈, 스프레드, 베이킹파우더 등의 안정제나 완충제 - 소시지의 결착제나 염지제, 분말 산미료					

<table>
<tr><th rowspan="2">명칭(한)</th><th rowspan="2">명칭(영)</th><th rowspan="2">국제
분류번호
(INS)</th><th colspan="2">식품첨가물로 사용 시</th><th colspan="2">가공보조제로 사용 시</th></tr>
<tr><th>허용
여부</th><th>허용
범위</th><th>허용
여부</th><th>허용범위</th></tr>
<tr><td rowspan="2">젖산</td><td>Lactic acid</td><td>270</td><td>○</td><td>발효채소제품,
유제품, 식용케이싱</td><td>○</td><td>유제품의 응고제 및 치즈 가공 중 염수의 산도 조절제</td></tr>
<tr><td colspan="6">- 과실엑스·시럽·청량음료의 산미제 - 음료 산미제 주류 발효 초기 부패 방지제
- 요약카복시기·하이드록시기·메틸기·수소의 네 원자단이 결합한 비대칭 탄소원자를 가지는 유기화합물 - L-, D-, DL- 등의 이성질체</td></tr>
<tr><td>젖산칼슘</td><td>Calcium Lactate</td><td>327</td><td>○</td><td>과립음료</td><td>×</td><td></td></tr>
<tr><td rowspan="2">제일인산칼슘</td><td>Calcium phosphate,
monobasic</td><td>341
(i)</td><td>○</td><td>밀가루</td><td>×</td><td></td></tr>
<tr><td colspan="6">- 팽창제원료, 베이킹파우더의 산제로 지효성 팽창제
- Ca으로서 식품의 1% 이하 - 순도가 나쁜 것은 비소를 함유(안됨)</td></tr>
<tr><td rowspan="2">제이인산칼륨</td><td>Potassium
Phosphate,
Dibasic</td><td>340
(ii)</td><td>○</td><td>커피화이트너</td><td>×</td><td></td></tr>
<tr><td colspan="6">- 강화제(빵제품용 효모의 배양제) - 커피믹스 프리마</td></tr>
<tr><td>조제해수
염화마그네슘</td><td>Crude Magnessium
Chloride
(Sea Water)</td><td></td><td>○</td><td>두류제품</td><td>○</td><td>응고제</td></tr>
<tr><td rowspan="2">젤라틴</td><td>Gelatin</td><td></td><td>×</td><td></td><td>○</td><td>포도주, 과일 및 채소 가공</td></tr>
<tr><td colspan="6">- 동물의 힘줄 ·연골의 천연 단백질인 콜라겐을 뜨거운 물로 처리 유도 단백질
- 펩티드 사슬의 가수분해로 얻음 - 무스류 제조(트립신, 펩신 작용 주위)
- 접착제, 미생물배양</td></tr>
<tr><td>젤란검</td><td>Gellan Gum</td><td>418</td><td>○</td><td>과립음료</td><td>×</td><td></td></tr>
<tr><td rowspan="2">L-주석산</td><td>L-Tartaric acid</td><td>334</td><td>○</td><td>포도주</td><td>○</td><td>포도주 가공</td></tr>
<tr><td colspan="6">- 유기산계 조미료,청주,청량음료에 산미완충제
- 잼과 젤리, 과일/야채 통조림 안정제 - 1일섭취허용량(ADI)은 0.0-30.0 mg/kg</td></tr>
<tr><td>L-주석산
나트륨</td><td>Disodium
L-tartrate</td><td>335</td><td>○</td><td>케이크, 과자</td><td>○</td><td>제한없음</td></tr>
<tr><td rowspan="2">L-주석산
수소칼륨</td><td>Potassium
L-bitartrate</td><td>336</td><td>○</td><td>곡류제품, 케이크,
과자</td><td>○</td><td>제한없음</td></tr>
<tr><td colspan="6">- 빵, 과자의 제조 시 제품을 팽창하게 하여 맛과 조직연화 , 합성팽창제의 속효성</td></tr>
<tr><td>주정
(발효주정)</td><td>Ethanol
(fermented)</td><td></td><td>×</td><td></td><td>○</td><td>제한 없음</td></tr>
</table>

<table>
<tr><th rowspan="2">명칭(한)</th><th rowspan="2">명칭(영)</th><th rowspan="2">국제
분류번호
(INS)</th><th colspan="2">식품첨가물로 사용 시</th><th colspan="2">가공보조제로 사용 시</th></tr>
<tr><th>허용
여부</th><th>허용
범위</th><th>허용
여부</th><th>허용범위</th></tr>
<tr><td>질소</td><td>Nitrogen</td><td>941</td><td>○</td><td>제한 없음</td><td>○</td><td>제한 없음</td></tr>
<tr><td>카나우바왁스</td><td>Carnauba wax</td><td>903</td><td>×</td><td></td><td>○</td><td>이형제</td></tr>
<tr><td>카라기난</td><td>Carrageenan</td><td>407</td><td>○</td><td>식물성제품, 유제품</td><td>×</td><td></td></tr>
<tr><td>카라야검</td><td>Karaya gum</td><td>416</td><td>○</td><td>제한 없음</td><td>×</td><td></td></tr>
<tr><td rowspan="2">카제인</td><td>Casein</td><td></td><td>×</td><td></td><td>○</td><td>포도주 가공</td></tr>
<tr><td colspan="6">- 우유의 주요단백질 - 유화작용, 증점작용, 보습작용
- 카제인은 pH 4.6에서 침전하는 성질이 있음.</td></tr>
<tr><td rowspan="2">탄닌산</td><td>Tannic acid</td><td>181</td><td>×</td><td></td><td>○</td><td>여과보조제</td></tr>
<tr><td colspan="6">- 오배자, 몰식자의 생성물을 용매 추출한 칼로타닌</td></tr>
<tr><td rowspan="2">탄산나트륨</td><td>Sodium carbonate</td><td>500
(i)</td><td>○</td><td>케이크, 과자</td><td>○</td><td>설탕 가공 및
유제품의 중화제</td></tr>
<tr><td colspan="6">- 팽창제의 중화 - Na_2CO_3탄산소다 또는 간단히 소다
- 화학공업에서 가장 중요한 화합물</td></tr>
<tr><td rowspan="2">탄산수소
나트륨</td><td>Sodium
bicarbonate</td><td>500
(ii)</td><td>○</td><td>케이크, 과자,
액상차류</td><td>×</td><td></td></tr>
<tr><td colspan="6">- 탄산 수소 소듐, 베이킹 소다, 중탄산 나트륨, 중탄산 소다, 중조로 불림.
- 단독 사용시, 팽창력 낮고, 제품 황변/쓴맛으로 구연산, 주석산 등의 산제를 함께 사용</td></tr>
<tr><td rowspan="2">세스퀴탄산
나트륨</td><td>Sodium
sesquicarbonate</td><td>500
(iii)</td><td>○</td><td>케이크, 과자</td><td>×</td><td></td></tr>
<tr><td colspan="6">- 알칼리성으로 산도조절제 - 화학식은 Na_2CO_3 $NaHCO_3$ $2H_2O$</td></tr>
<tr><td rowspan="2">탄산마그네슘</td><td>Magnesium
carbonate</td><td>504
(i)</td><td>○</td><td>제한 없음</td><td>×</td><td></td></tr>
<tr><td colspan="6">- 천연으로는 마그네사이트로 산출</td></tr>
<tr><td rowspan="2">탄산암모늄</td><td>Ammonium
carbonate</td><td>503
(i)</td><td>○</td><td>곡류제품, 케이크,
과자</td><td>×</td><td></td></tr>
<tr><td colspan="6">- 중화제 - 조개껍질·달걀껍질·산호 등으로서 산출</td></tr>
<tr><td>탄산수소
암모늄</td><td>Ammonium
bicarbonate</td><td>503
(ii)</td><td>○</td><td>곡류제품, 케이크,
과자</td><td>×</td><td></td></tr>
</table>

<table>
<tr><th rowspan="2">명칭(한)</th><th rowspan="2">명칭(영)</th><th rowspan="2">국제 분류번호 (INS)</th><th colspan="2">식품첨가물로 사용 시</th><th colspan="2">가공보조제로 사용 시</th></tr>
<tr><th>허용 여부</th><th>허용 범위</th><th>허용 여부</th><th>허용범위</th></tr>
<tr><td>탄산칼륨</td><td>Potassium carbonate</td><td>501 (i)</td><td>○</td><td>곡류제품, 케이크, 과자</td><td>○</td><td>포도 건조</td></tr>
<tr><td>탄산칼슘</td><td>Calcium carbonate</td><td>170 (i)</td><td>○</td><td>식물성제품, 유제품 (탄산칼슘을 착색료로는 사용할 수 없다)</td><td>○</td><td>제한없음</td></tr>
<tr><td rowspan="2">d-토코페롤 (혼합형)</td><td>d-Tocopherol concentrate, mixed</td><td>306</td><td>○</td><td>유지류(d-토코페롤은 산화방지제로만 사용할 수 있다)</td><td>×</td><td></td></tr>
<tr><td colspan="6">- 식품이 변질되는 것을 방지하기 위하여 산화방지제
- 비타민 E의 한 형태, 물에는 녹지 않고 에테르, 에탄올, 식물성 유지에 녹음</td></tr>
<tr><td>트라가칸스검</td><td>Tragacanth gum</td><td>413</td><td>○</td><td>제한없음</td><td>×</td><td></td></tr>
<tr><td rowspan="2">퍼라이트</td><td>Perlite</td><td></td><td>×</td><td></td><td>○</td><td>여과보조제</td></tr>
<tr><td colspan="6">-화산의 진주석을 소성/분쇄한, 다공성 재질</td></tr>
<tr><td rowspan="2">펙틴</td><td>Pectin</td><td>440</td><td>○</td><td>식물성제품, 유제품</td><td>×</td><td></td></tr>
<tr><td colspan="6">- 감귤류를 산으로 추출한 탄수화물의 중합체 - 잼, 마멀레이드, 젤리 등의 제조
- 응고제, 증점제, 안정제, 고화방지제, 유화제 - D-갈락튜론산 단위의 α-1, 4 결합</td></tr>
<tr><td rowspan="2">활성탄</td><td>Activated carbon</td><td></td><td>×</td><td></td><td>○</td><td>여과보조제</td></tr>
<tr><td colspan="6">- 표면적이 매우 넓게 되도록 만들어진 숯가루</td></tr>
<tr><td rowspan="2">황산</td><td>Sulfuric acid</td><td>513</td><td>×</td><td></td><td>○</td><td>설탕 가공 중의 산도조절제</td></tr>
<tr><td colspan="6">- H_2SO_4의 화학식을 갖는 무색의 비휘발성 액체, -강산성의 화합물</td></tr>
<tr><td rowspan="2">황산칼슘</td><td>Calcium sulphate</td><td>516</td><td>○</td><td>케이크, 과자, 두류제품, 효모제품</td><td>○</td><td>응고제</td></tr>
<tr><td colspan="6">- $CaSO_4 \cdot 2H_2O$. 황산석회, 석고, 간수(두부제조용 응고제)로 사용된다. -염화마그네슘이 속효성인데 대하여 물에 녹기 어려운 성질 때문에 지효성 응고제</td></tr>
</table>

명칭(한)	명칭(영)	국제 분류번호 (INS)	식품첨가물로 사용 시		가공보조제로 사용 시	
			허용 여부	허용 범위	허용 여부	허용범위
천연착향료	Natural flavoring substances and preparations		○	제한 없음 (다만, 「식품위생법」 제7조제1항에 따라 식품의약품안전처장이 식품첨가물의 기준 및 규격에 관하여 고시한 천연착향료로서 물, 발효주정, 이산화탄소 및 물리적 방법으로 추출한 천연착향료만 사용할 수 있다.)	×	
미생물 및 효소제제	Preparations of Microorganisms and Enzymes		○	제한 없음 (「식품위생법」 제7조제1항에 따라 식품의약품안전처장이 식품첨가물의 기준 및 규격에 관하여 고시한 미생물 및 효소제제만 사용할 수 있다.)	○	제한 없음 (「식품위생법」 제7조제1항에 따라 식품의약품안전처장이 식품첨가물의 기준 및 규격에 관하여 고시한 미생물 및 효소제제만 사용할 수 있다.)
영양강화제 및 강화제	Fortifying nutrients		○	「식품위생법」 제7조제1항 및 「축산물위생관리법」 제4조제2항에 따라 사용이 의무화된 제품 (「식품위생법」 제7조제1항에 따라 식품의약품안전처장이 식품첨가물의 기준 및 규격에 관하여 고시한 영양강화제 및 강화제만 사용할 수 있다.)	×	

(2) 기구 · 설비의 세척 · 살균소독제

제1호에 따른 식품첨가물 및 가공보조제와 「식품위생법」 제7조제1항에 따라 식품의약품안전처장이 식품첨가물의 기준 및 규격에 관하여 고시한 기구 등의 살균소독제만 해당한다.

첨부 2. 소금의 규격 (식품의 기준 및 규격 / 제2014-174호)

식염의 규격

항목 \ 유형	천일염	재제소금	태움·용융 소금	정제소금	기타소금	가공소금
(1) 염화나트륨(%)	70.0 이상	88.0 이상	88.0 이상	95.0 이상 (해양심층수염은 70.0 이상)	88.0 이상	35.0 이상
(2) 총염소(%)	40.0 이상	54.0 이상	50.0 이상	58.0 이상 (해양심층수염은 40.0 이상)	54.0 이상	20.0 이상
(3) 수분(%)	15.0 이하	9.0 이하	4.0 이하	4.0 이하 (해양심층수염은 10.0 이하)	9.0 이하	5.5 이하
(4) 불용분(%)	0.15 이하 (토판염은 0.3이하)	0.02 이하	3.0 이하	0.02 이하	0.15 이하	-
(5) 황산이온(%)	5.0이하	5.0이하	5.0이하	0.4 이하 (해양심층수염은 5.0 이하)	5.0 이하	5.0이하
(6) 사분(%)	0.2이하	-	0.1 이하	-	-	-
(7) 비소(mg/kg)	0.5 이하	0.5 이하	0.5 이하	0.5 이하	0.5 이하	0.5 이하
(8) 납(mg/kg)	2.0 이하	2.0 이하	2.0 이하	2.0 이하	2.0 이하	2.0 이하
(9) 카드뮴(mg/kg)	0.5 이하	0.5 이하	0.5 이하	0.5 이하	0.5 이하	0.5 이하
(10) 수은(mg/kg)	0.1 이하	0.1 이하	0.1 이하	0.1 이하	0.1 이하	0.1 이하
(11) 페로시안화이온 (g/kg)	불검출	0.010 이하	0.010 이하	0.010 이하	0.010 이하	0.010 이하

첨부 3. 먹는물의 수질기준 (먹는물 수질기준 및 검사 등에 관한 규칙 제2조 관련-별표1)
[별표 1] <개정 96.5.21, 98.2.28, 99.2.11, 2000.7.1, 2002.6.21, 2006.6.29, 2008.2.4>

먹는물의 수질기준 (제2조 관련)

1. 미생물에 관한 기준
   가. 일반세균은 1mL 중 100CFU(Colony Forming Unit)를 넘지 아니할 것. 다만, 샘물의 경우에는 저온일반세균은 20CFU/mL, 중온일반세균은 5CFU/mL를 넘지 아니하여야 하며, 먹는샘물 및 먹는해양심층수의 경우에는 병에 넣은 후 4℃를 유지한 상태에서 12시간 이내에 검사하여 저온일반세균은 100CFU/mL, 중온일반세균은 20CFU/mL를 넘지 아니할 것
   나. 총 대장균군은 100mL(샘물 · 먹는샘물 및 먹는해양심층수의 경우에는 250mL)에서 검출되지 아니할 것. 다만, 제4조제1항제1호나목 및 다목에 따라 매월 또는 매 분기 실시하는 총 대장균군의 수질검사 시료(試料) 수가 20개 이상인 정수시설의 경우에는 검출된 시료 수가 5퍼센트를 초과하지 아니하여야 한다.
   다. 대장균 · 분원성 대장균군은 100mL에서 검출되지 아니할 것. 다만, 샘물 · 먹는샘물 및 먹는해양심층수의 경우에는 적용하지 아니한다.
   라. 분원성 연쇄상구균 · 녹농균 · 살모넬라 및 쉬겔라는 250mL에서 검출되지 아니할 것(샘물 · 먹는샘물 및 먹는해양심층수의 경우에만 적용한다)
   마. 아황산환원혐기성포자형성균은 50mL에서 검출되지 아니할 것(샘물 · 먹는샘물 및 먹는해양심층수의 경우에만 적용한다.)
   바. 여시니아균은 2L에서 검출되지 아니할 것(먹는물 공동시설의 경우에만 적용한다.)

2. 건강상 유해영향 무기물질에 관한 기준
   가. 납은 0.01 mg/L를 넘지 아니할 것
   나. 불소는 1.5 mg/L(샘물 및 먹는샘물의 경우에는 2.0 mg/L)를 넘지 아니할 것
   다. 비소는 0.01 mg/L(샘물의 경우에는 0.05 mg/L)를 넘지 아니할 것
   라. 셀레늄은 0.01 mg/L를 넘지 아니할 것
   마. 수은은 0.001 mg/L를 넘지 아니할 것
   바. 시안은 0.01 mg/L를 넘지 아니할 것
   사. 크롬은 0.05 mg/L를 넘지 아니할 것
   아. 암모니아성 질소는 0.5 mg/L를 넘지 아니할 것
   자. 질산성 질소는 10 mg/L를 넘지 아니할 것
   차. 카드뮴은 0.005 mg/L를 넘지 아니할 것
   카. 보론은 1.0 mg/L를 넘지 아니할 것
   타. 브롬산염은 0.01mg/L를 넘지 아니할 것(먹는해양심층수의 경우에만 적용한다.)
   파. 스트론튬은 4mg/L를 넘지 아니할 것(먹는해양심층수의 경우에만 적용한다.)

3. 건강상 유해영향 유기물질에 관한 기준
   가. 페놀은 0.005 mg/L를 넘지 아니할 것

나. 다이아지논은 0.02 mg/L를 넘지 아니할 것
다. 파라티온은 0.06 mg/L를 넘지 아니할 것
라. 페니트로티온은 0.04 mg/L를 넘지 아니할 것
마. 카바릴은 0.07 mg/L를 넘지 아니할 것
바. 1,1,1-트리클로로에탄은 0.1 mg/L를 넘지 아니할 것
사. 테트라클로로에틸렌은 0.01 mg/L를 넘지 아니할 것
아. 트리클로로에틸렌은 0.03 mg/L를 넘지 아니할 것
자. 디클로로메탄은 0.02 mg/L를 넘지 아니할 것
차. 벤젠은 0.01 mg/L를 넘지 아니할 것
카. 톨루엔은 0.7 mg/L를 넘지 아니할 것
타. 에틸벤젠은 0.3 mg/L를 넘지 아니할 것
파. 크실렌은 0.5 mg/L를 넘지 아니할 것
하. 1,1-디클로로에틸렌은 0.03 mg/L를 넘지 아니할 것
거. 사염화탄소는 0.002 mg/L를 넘지 아니할 것
너. 1,2-디브로모-3-클로로프로판은 0.003 mg/L를 넘지 아니할 것
더. 1,4-다이옥산은 0.05 mg/L를 넘지 아니할 것

4. 소독제 및 소독부산물질에 관한 기준(샘물 · 먹는샘물 · 먹는해양심층수 및 먹는물공동시설의 물의 경우에는 적용하지 아니 한다.)

가. 잔류염소(유리잔류염소를 말한다)는 4.0 mg/L를 넘지 아니할 것
나. 총트리할로메탄은 0.1 mg/L를 넘지 아니할 것
다. 클로로포름은 0.08 mg/L를 넘지 아니할 것
라. 브로모디클로로메탄은 0.03 mg/L를 넘지 아니할 것
마. 디브로모클로로메탄은 0.1 mg/L를 넘지 아니할 것
바. 클로랄하이드레이트는 0.03 mg/L를 넘지 아니할 것
사. 디브로모아세토니트릴은 0.1 mg/L를 넘지 아니할 것
아. 디클로로아세토니트릴은 0.09 mg/L를 넘지 아니할 것
자. 트리클로로아세토니트릴은 0.004 mg/L를 넘지 아니할 것
차. 할로아세틱에시드(디클로로아세틱에시드와 트리클로로아세틱에시드의 합으로 한다.)는 0.1 mg/L를 넘지 아니할 것

5. 심미적 영향물질에 관한 기준

가. 경도(硬度)는 300 mg/L(먹는샘물의 경우 500 mg/L, 먹는해양심층수의 경우 1,200 mg/L)를 넘지 아니할 것. 다만, 샘물의 경우에는 적용하지 아니한다.
나. 과망간산칼륨 소비량은 10 mg/L를 넘지 아니할 것
다. 냄새와 맛은 소독으로 인한 냄새와 맛 이외의 냄새와 맛이 있어서는 아니될 것
라. 동은 1 mg/L를 넘지 아니할 것
마. 색도는 5도를 넘지 아니할 것
바. 세제(음이온 계면활성제)는 0.5 mg/L를 넘지 아니할 것. 다만, 샘물 · 먹는샘물 및 먹는해양심층수

의 경우에는 검출되지 아니하여야 한다.

사. 수소이온 농도는 pH 5.8 이상 pH 8.5 이하이어야 할 것

아. 아연은 3 mg/L를 넘지 아니할 것

자. 염소이온은 250 mg/L를 넘지 아니할 것

차. 증발잔류물은 500 mg/L를 넘지 아니할 것. 다만, 샘물의 경우에는 적용하지 아니하며, 먹는샘물 및 먹는 해양심층수의 경우에는 미네랄 등 무해성분을 제외한 증발잔류물이 500 mg/L를 넘지 아니하여야 한다.

카. 철은 0.3 mg/L를 넘지 아니할 것. 다만, 샘물의 경우에는 적용하지 아니한다.

타. 망간은 0.3 mg/L(수돗물의 경우 0.05 mg/L)를 넘지 아니할 것. 다만, 샘물의 경우에는 적용하지 아니한다.

파. 탁도는 1NTU(Nephelometric Turbidity Unit)를 넘지 아니할 것. 다만, 수돗물의 경우에는 0.5NTU를 넘지 아니하여야 한다.

하. 황산이온은 200 mg/L를 넘지 아니할 것

거. 알루미늄은 0.2 mg/L를 넘지 아니할 것

첨부 4. 기구등의 살균 소독제 (식품위생법시행규칙제5조(제1099호))

식품첨가물의 기준 및 규격 고시 (고시 제2014-176호)

Ⅲ. 기구등의 살균소독제

제 1. 제조기준

가. 기구등의 살균 소독제 일반

1. 기구등의 살균소독제 제조에 사용하는 성분은 다음 표에 있는 성분이어야 한다. 다만, 이들 성분 이외에 혼합희석에 사용하는 희석제로 물, 기타 식품원료를 사용하고자 하는 경우에는 「식품의 기준 및 규격」에 적합한 것이어야 하며, **품질안정 등을 위하여 필요불가결한 경우에 한해서 안정제 및 용제 등의 식품첨가물(최종제품 완성 전에 중화 또는 제거하여야 하는 것은 제외)을 사용할 수 있으나, 그 양은 기술적 효과를 달성하는데 필요한 최소량으로 하여야 한다.**

번호	성 분 명		
	한 글	영 문	CAS No.
1	과산화수소	Hydrogen peroxide	7722-84-1
2	과산화옥탄산	Peroxyoctanoic acid	33734-57-5
3	과산화초산	Peroxyacetic acid	79-21-0
4	구연산	Citric acid	77-92-9
5	D-글루콘산나트륨	D-Gluconic acid, monosodium salt	527-07-1
6	네오데칸산	Neodecanoic acid	26896-20-8
7	노나논산	Nonanoic acid	112-05-0
8	데칸산	Decanoic acid	334-48-5
9	도데실벤젠설폰산	Benzenesulfonic acid, dodecyl-	27176-87-0
10	도데실벤젠설폰산나트륨	Benzenesulfonic acid, dodecyl-, sodium salt	25155-30-0
12	디메틸벤젠설폰산나트륨	Sodium dimethylbenzene sulfonate (Xylenesulfonic acid, sodium salt)	1300-72-7
13	N,N-디메틸-1-옥탄아민	1-Octanamine, N,N-dimethyl-	7378-99-6
14	4-(1,1-디메틸프로필)페놀	Phenol, 4-(1,1-dimethyl-propyl)-	80-46-6
15	디옥틸설포석신산나트륨	Dioctyl sodium sulfosuccinate	577-11-7
16	메틸렌블루	Methylene blue	61-73-4
17	2-메틸-2,4-펜탄디올	2,4-Pentanediol, 2-methyl-	107-41-5
18	모노도데실에스테르황산 나트륨	Sulfuric acid monododecyl ester, sodium salt (sodium lauryl sulfate)	151-21-3
19	2-부톡시-에탄올	Ethanol, 2-butoxy-	111-76-2
20	붕산나트륨	Boric acid, sodium salt	7775-19-1
21	브롬화칼륨	Potassium bromide	7758-02-3

번호	성 분 명		
	한 글	영 문	CAS No.
22	산화마그네슘	Magnesium oxide	1309-48-4
23	삼염화이소시아뉼산	Trichloroisocyanuric acid (1,3,5-Triazine-2,4,6(1H,3H, 5H)-trione,1,3,5-trichloro)	87-90-1
24	삼염화이소시아뉼산나트륨	Sodium trichloroisocyanurate	29680-41-9
25	삼염화이소시아뉼산칼륨	Potassium trichloroisocyanurate	-
26	설포-1,4-디옥틸부탄산 나트륨	Butanedioic acid, sulfo-, 1,4-dioctyl ester, sodium salt	1639-66-3
27	9-설포옥타데센산(9Z)	9-Octadecenoic acid(9Z)-, sulfonated	68988-76-1
28	9-설포옥타데센산(9Z)나트륨	9-Octadecenoic acid(9Z)-, sulfonated, sodium salts	68443-05-0
30	설포지방산나트륨	Fatty acids, tall-oil, sulfonated, sodium salts	68309-27-3
31	2-설피노-1-옥탄설폰산	1-Octanesulfonic acid, 2-sulfino-	113652-56-5
32	2-[시클로헥실(1-옥소헥사데실) 아미노]-에탄설폰산나트륨	Ethanesulfonic acid, 2-[cyclohexyl(1-oxohexadecyl) amino]-, sodium salt	132-43-4
33	아염소산염	Chlorite	14998-27-7
34	α-알킬(C_6이상)-ω-하이드록시폴리(옥시에틸렌)	α-alkyl-ω-hydroxypoly (oxyethylene) where the alkyl chain containers a minimum of six carbon	-
35	α-알킬(C_6이상)-ω-하이드록시폴리(옥시프로필렌) 폴리(옥시에틸렌) 공중합체	α-alkyl-ω-hydroxy poly(oxypropylene) and poly(oxyethylene) polymers where the alkyl chain containers a minimum of six carbon	-
36	α-알킬(C_6이상)-ω-하이드록시폴리(옥시프로필렌)	α-alkyl-ω-hydroxypoly (oxypro pylene) where the alkyl chain containers a minimum of six carbon	-
37	에탄올	Ethanol	64-17-5
38	2-(2-에톡시에톡시)에탄올	Ethanol, 2-(2-ethoxyethoxy)-	111-90-0
39	에틸렌디아민테트라아세트산, 사나트륨	Ethylenediaminetetraacetic acid(EDTA), tetrasodium salt	64-02-8
40	에틸렌디아민테트라아세트산, 이나트륨	Ethylenediaminetetraacetic acid(EDTA), disodium salt	139-33-3
41	폴리알킬렌(에틸렌-프로필렌 포함)글리콜부톡시모노에테르 (평균분자량 3,300)	Butoxy monoether of mixed (ethylene-propylene)poly alkylene glycol, cloudpoint of 90-100° in 0.5 aqueous solution, average molecular weight (in amu), 3,300	-
42	염소산염	Chlorate	14866-68-3
43	염화-N-데실-N,N-디메틸-1-데칸아미늄	N-Decyl-N,N-dimethyl-1-decanaminium chloride	7173-51-5

번호	성 분 명		
	한 글	영 문	CAS No.
44	염화디-n-알킬(C_8-C_{10})디메틸암모늄(평균분자량 332~361)	Di-n-alkyl(C_8-C_{10}) dimethyl ammonium chloride, average molecular weight (in amu), 332 to 361	-
45	염화멜라민	Chloromelamine(1,3,5-Triazine, N,N',N"-trichloro -2,4,6-triamino-)	7673-09-8
46	염화-n-알킬(C_{12}-C_{14})디메틸에틸벤질암모늄(평균분자량 377~384)	n-Alkyl(C_{12}-C_{14}) dimethyl ethylbenzyl ammonium chloride, average molecular weight(in amu), 377 to 384	-
47	염화-n-알킬(C_{12}-C_{18})디메틸에틸벤질암모늄(평균분자량 384)	n-Alkyl (C_{12}-C_{18}) dimethyl ethylbenzyl ammonium chloride, average molecular weight(in amu), 384	-
48	염화알킬(C_{12}-C_{18})벤질디메틸암모늄	Alkyl(C_{12}-C_{18}) benzyldimethyl chlorides	-
49	염화암모늄	Ammonium chloride	12125-02-9
50	옥시란과 메틸옥시란의 블록공중합체(평균분자량 1,900)	Oxirane, methyl-, polymer with oxirane, block, average molecular weight (in amu), 1,900	106392-12-5
51	옥시란과 메틸옥시란의 블록공중합체(최소평균분자량 2,000)	Oxirane, methyl-, polymer with oxirane, block, minimum average molecular weight (in amu), 2,000	-
52	옥시란과 메틸옥시란의 블록공중합체(메틸옥시란이 27~31몰, 평균분자량 2,000)	Oxirane, methyl-, polymer with oxirane, block, 27 to 31 moles of polyoxypropylene, average molecular weight (in amu), 2,000	-
53	옥시클로로 물질	Oxychloro species	-
54	옥타데칸산칼슘	Octadecanoic acid, calcium salt(Calcium stearate)	1592-23-0
55	1,2-옥탄디설폰산	1,2-Octanedisulfonic acid	113669-58-2
56	옥탄산	Octanoic acid	124-07-2
57	1-옥탄설폰산	1-Octanesulfonic acid	3944-72-7
58	1-옥탄설폰산나트륨	1-Octanesulfonic acid, sodium salt	5324-84-5
59	옥테닐부탄디오익산	Butanedioic acid, octenyl-	28805-58-5
60	요오드	Iodine	7553-56-2
61	요오드나트륨	Sodium iodide	7681-82-5
62	요오드칼륨	Potassium iodide	7681-11-0
63	요오드화수소산	Hydriodic acid	10034-85-2
64	전해반응에 의해 생성된 은이온[구연산으로 안정화시킨 구연산이수소은의 형태, 단 금속성 은(metallic silver)은 제외]	Silver ions resulting from the use of electrolytically -generated silver ions stabilized in citric acid as silver dihydrogen citrate (does not include metallic silver)	14701-21-4

번호	성 분 명		
	한 글	영 문	CAS No.
65	이산화염소	Chlorine dioxide	10049-04-4
66	이염화이소시아눌산	Dichloroisocyanuric acid (1,3,5-Triazine-2,4,6(1H,3H,5H)-trione, 1,3-dichloro-)	2782-57-2
67	이염화이소시아눌산나트륨	Sodium dichloroisocyanurate (1,3,5-Triazine-2,4,6(1H,3H,5H)-trione, 1,3-dichloro-, sodium salt)	2893-78-9
68	이염화이소시아눌산나트륨 이수화물	Sodium dichloroisocyanurate dihydrate(1,3,5-Triazine-2,4,6(1H,3H,5H)-trione, 1,3-dichloro-, sodium salt)	51580-86-0
69	이염화이소시아눌산칼륨	Dichloroisocyanuric acid, potassium salt (1,3,5-Triazine-2,4,6(1H,3H,5H)-trione,1,3-dichloro-, potassium salt)	2244-21-5
70	인산	Phosphoric acid	7664-38-2
71	인산나트륨	Phosphoric acid, monosodium salt	7558-80-7
72	인산삼나트륨	Phosphoric acid, trisodium salt	7601-54-9
73	일염화요오드	Iodine monochloride	7790-99-0
74	젖산	Lactic acid	50-21-5
75	차아염소산	Hypochlorous acid	7790-92-3
76	차아염소산나트륨	Sodium hypochlorite	7681-52-9
77	차아염소산리튬	Lithium hypochlorite	13840-33-0
78	차아염소산칼륨	Potassium hypochlorite	7778-66-7
79	차아염소산칼슘	Calcium hypochlorite	7778-54-3
80	초산	Acetic acid	64-19-7
81	n-카르복실산(C_6-C_{12})[56% 이상 옥탄산 및 40% 이상 데칸산의 혼합물로 구성]	n-Carboxylic acids(C_6-C_{12})[consisting of a mixture of not less than 56% octanoic acid and not less than 40% decanoic acid]	-
82	코코지방산칼륨	Fatty acids, coco, potassium salts	61789-30-8
83	클로로아세트산나트륨 4,5-디하이드로-2-언데실-1H-이미다졸-1-에탄올과 수산화나트륨의 반응물	Acetic acid, chloro-, sodium salt, reaction products with 4,5-dihydro-2-undecyl-1H-imidazole-1-ethanol and sodium hydroxide	68608-66-2
84	4-클로로-2-(페닐메틸)-페놀	Phenol, 4-chloro-2-(phenylmethyl)-	120-32-1
85	α,α,4-트리메틸-3-시클로헥센-1-메탄올	3-Cyclohexene-1-methanol, α,α,4-trimethyl-	98-55-5

번호	성 분 명		
	한 글	영 문	CAS No.
86	페닐페놀	Phenylphenol ([1,1'-Biphenyl]-2-ol)	90-43-7
87	폴리알킬렌(에틸렌-프로필렌 포함) 글리콜부톡시모노에테르 (최소분자량 2,400)	Butoxy monoether of mixed(ethylene-propylene) polyalkylene glycol, minimum average molecular weight (in amu), 2,400	-
88	폴리에틸렌 글리콜 폴리프로필렌글리콜, 모노부틸에테르 (평균분자량 2,400~3,500)	Polyethylene glycol polypropylene glycol, monobutyl ether, (MW 2400-3500)	-
89	폴리에틸렌글리콜/ 폴리프로필렌글리콜 n-알킬 에테르, C_{12}-C_{15}	PEG/PPG n-alkyl ether, C_{12}-C_{15}	68551-13-3
90	폴리(옥시-1,2-에탄디일), α-[(1,1,3,3-테트라메틸부틸) 페닐]-ω-하이드록시, 페놀 1몰과 에틸렌옥사이드 4~14몰의 생성물	Poly(oxy-1,2-ethanediyl), α-[(1,1,3,3-tetramethylbutyl) phenyl]-ω-hydroxy-, produced with one mole of the phenol and 4 to 14 moles ethylene oxide	-
91	α-알킬(C_{12}-C_{15})-ω-하이드록시폴리(옥시에틸렌)황산나트륨 (폴리옥시에틸렌이 평균 1몰)	Sodium-α-alkyl(C_{12}-C_{15})-ω-hydroxypoly(oxyethylene) sulfate with the poly (oxyethylene) content averaging one mole	-
92	옥시란과 메틸옥시란의 공중합체(최소분자량 1,900)	Oxirane, methyl-, polymer with oxirane, minimum molecular weight (in amu), 1,900	9003-11-6
93	폴리옥시에틸렌폴리옥시 프로필렌블록공중합체 (분자량 2,800)	Polyoxyethylene polyoxypropylene block polymer(MW 2,800)	-
94	프로피온산	Propanoic acid	79-09-4
95	2-프로판올(이소프로판올)	2-Propanol(isopropanol)	67-63-0
96	2,6-피리딘디카르복실산	2,6-Pyridine dicarboxylic acid	499-83-2
97	(1-하이드록시에틸리덴) 비스포스포닉산	Phosphonic acid, (1-hydroxyethylidene)bis-	2809-21-4
98	황산	Sulfuric acid	7664-93-9
99	염화세틸피리디움	Cetylpyridinium chloride	123-03-5
100	염화세틸피리디움일수화물	Cetylpyridinium chloride monohydrate	6004-24-6
101	올리고(염화 2-(2-에톡시) 에톡시에틸구아니디움)	Oligo(2-(2-ethyoxy) ethoxyethyl guanidium chloride)	374572-91-5
102	폴리(헥사메틸렌비구아니드) 하이드로클로라이드	Poly(hexamethylene biguanide)hydrochloride	32289-58-0

2. 기구 등의 살균소독제는 유해미생물에 대해 살균·소독 작용을 하는 유효성분을 함유하여야 한다.

나. 제조장치를 통해 제조되는 기구 등의 살균소독제

제조장치를 통해 제조되는 기구 등의 살균소독제는 품목별 기준 및 규격에 적합하여야 한다.

첨부 5. 세척제의 종류 (「공중위생 관리법 시행규칙」 중)

○ 세척제

세척을 위해 사용되는 유기 및 무기화합물의 총칭으로 세척 대상에 따라성분이 달라지므로 종류가 많다. 식품취급장에서 사용되는 세척제는 그 성분 및 용도에 따라 1종, 2종, 3종으로 분류된다.

※ 주관부서: 보건복지부 관할(「공중위생 관리법」)

○ 세척제의 기준 및 규격

구분	1종	2종	3종
	야채 또는 과일용 세척제	식기류용 세척제	자동식기세척기용 또는 산업용 식기류, 식품의 가공기구, 조리기구용 세척제
pH (사용농도)	6.0~10.5	6.0~10.5	
메칠알콜 (고형, 분말, 과립상제외)	6.0~10.5	1mg/g 이하	
비소 (사용농도)	0.05ppm 이하	0.05ppm 이하	0.4ppm 이하
중금속 (사용농도)	1ppm 이하	1ppm 이하	2ppm 이하
형광증백제	불검출	불검출	불검출
계면활성제상당분(%)	표시량 이상이어야 한다.		
사용농도 : 사용농도가 기재되어 있지 않거나, 세척대상에 따라 사용농도가 다를 경우는 30배 희석액을 사용농도로 한다.			

첨부 6. 방사선조사식품의 세부표시기준 「식품등의 표시기준」 전문 (식약처 고시 2013-254호, 2013.12.26.) 중

방사선조사식품의 세부표시기준 (제3조제1호라목)

1. 표시대상

가. 법 제7조에 따라 방사선 조사가 허용된 식품에 방사선을 조사한 경우(완제품)

나. 가목의 식품 중 검지법이 고시된 식품을 원재료로 사용하여 식품을 제조·가공한 경우(방사선 조사한 원재료 사용 식품)

2. 표시방법

가. 활자크기 및 표시장소

1) 활자크기(공통사항) : 7포인트 이상으로 표시

2) 표시장소

가) 제1호 가목에 해당하는 완제품의 경우 소비자가 알아보기 쉬운 장소에 표시사항을 표시

나) 제1호 나목에 해당하는 방사선 조사한 원재료를 사용한 식품의 경우 "원재료명 및 함량"란에 그 조사한 내용을 표시

나. 표시사항

1) 제1호 가목에 해당하는 완제품의 경우 :

- 조사처리된 식품임을 나타내는 문구 및 조사도안

2) 제1호 나목에 해당하는 방사선 조사한 원재료를 사용한 식품의 경우

가) 개별 원재료명과 함께 표시 : 원재료명 및 함량 표시란에 해당 원재료명에 괄호로 "방사선조사"로 표시[예시: "양파(방사선조사)", "방사선조사마늘" 등]

나) 방사선조사처리 원재료를 일괄표시

(1) 방사선 조사처리한 복합원재료 표시 : 방사선조사한 복합원재료명과 그 원재료명 5개 이상 표시

[예시 : 방사선조사한 ○○복합원재료명(원재료명 5개 이상 표시)]

(2) 방사선 조사처리한 식품을 일괄표시 : 방사선 조사한 원재료를 괄호로 하여 일괄표시

[예시 : 방사선 조사한 원재료(감자, 마늘, 양파 등)]

다) 어떤 원재료가 방사선 조사처리 되었는지 확인하기 어려운 경우에는 "방사선조사 처리된 원재료 일부 함유" 또는 "일부 원재료 방사선 조사처리" 등의 내용으로 표시할 수 있다.

첨부 7. 인증기준 예외적 적용 내역[서식]

○ 인증기준 예외적 적용 내역 - 서식 (친환경농축산물 및 유기식품등 인증에 관한 세부실시 요령 [별지 제11호서식])

■ 친환경농축산물 및 유기식품등 인증에 관한 세부실시 요령 [별지 제11호서식]		
인증기준 예외 적용 내역		
구 분	예외적용 항목	세부내역
농산물	전환기간 연장·단축	
	비유기종자사용	
	기 타	
축산물	포유동물 방목	
	목초지긴급 방제	
	일반가축 입식	
	기 타	
가공	비유기원료 사용	
	기 타	

210㎜×297㎜[백상지 80g/㎡(재활용품)]

※ 예외 적용 내역의 증감에 따라 본 서식의 일부를 변경하여 이용할 수 있음.

제2장

비식용유기가공품 인증심사 및 생산과정조사

1. 인증기준 해설 및 심사요령

1.1. 일반요건

1.1.1. 유기취급계획

인증기준			심사자료	심사사항	심사요령	첨부
규칙	고시	기타				
시행규칙 [별표3]	[고시 2014-38호 별표1]					
1) 사업자는 유기사료의 취급과정에서 대기, 물, 토양의 오염이 최소화되도록 문서화된 유기취급계획을 수립하여야 한다.			유기취급계획서 인증품 제조·가공 및 취급 계획서	유기취급계획서의 내용	- 유기취급계획서에 유기사료 취급과정에서의 대기, 물, 토양의 오염을 최소화하는 내용이 모두 기재되어 있는지 확인하고, 내용이 인증기준에 적합한지 여부를 확인한다. - 유기취급계획서의 내용이 인증신청 시 제출한 인증신청서, 인증품 제조·가공 및 취급계획서, 사업장의 경계면을 표시한 지도, 작업장의 구조와 용도를 적은 도면과 일치하는지 확인한다.	

1.1.2. 원료의 유기적 순수성

인증기준			심사자료	심사사항	심사요령	첨부
규칙	고시	기타				
2) 사업자는 유기사료의 가공 및 유통 과정에서 원료의 유기적 순수성을 훼손하지 않아야 한다. 3) 사업자는 유기생산물과 유기생산물이 아닌 생산물을 혼합하지 않아야 하며, 접촉되지 않도록 구분하여 취급하여야 한다. 4) 사업자는 유기생산물이 오염원에 의하여 오염되지 않도록 필요한 조치를 하여야 한다.	1) 보관창고 내 유기생산물과 비유기생산물의 혼합방지를 위하여 구분 관리하여야 한다. 2) 원료의 수송 및 저장 과정에서 유기생산물과 비유기생산물이 혼합되지 않도록 구분 관리하여야 한다.	고시 [별표 1] 3. 유기축산물. 바. 사료 및 영양관리 4) 규칙 4) 규칙 별표 3 제3호바목4)에 따른 유전자변형농산물 또는 유전자변형농산물로부터 유래한 것의 비의도적인 혼입은 식품의약품안전처장이 고시한 유전자변형농수산물 표시요령 제3조 제3항에 따라 비의도적으로 혼입되어 유전자변형농산물로 표시하지 아니할 수 있는 함량의 1/10 이하여야 한다. 이 경우 '유전자변형농산물이 아닌 농산물을 구분 관리하였다'는 증명서류 또는 정부증명서를 갖추어야 한다.	- 고시 별지 제1호 서식인증품 제조·가공 및 취급계획서, 경영 관련 자료	- 고시 별지 제1호 서식 인증품 제조·가공 취급계획서 제3호 제조, 가공 및 취급공정, 제5호 작업 기록 및 원료관리, 제6호 해충 및 병원균 관리, 제7호 생산물의 품질관리	- [서류심사] 고시 별지 제1호 서식 인증품 제조·가공 취급계획서 제3호 제조, 가공 및 취급공정, 제5호 작업 기록 및 원료관리, 제6호 해충 및 병원균 관리, 제7호 생산물의 품질관리 각 기재 항목이 빠짐없이 모두 기록되어 있는지 여부와 기재되어 있는 내용이 인증기준에 적합한지 여부를 확인한다. - [현장심사 시] 취급계획서의 내용대로 실행되고 있는지 확인한다. - 비의도적 혼입 허용치는 관련 증명서류를 갖춘 경우에 한하여 0.3%(식품의약품안전처장 3% * 10%)이다.	

1.2. 가공원료

1.2.1. 원료와 보조사료

인증기준			심사자료	심사사항	심사요령	첨부
규칙	고시	기타				
1) 유기사료의 제조에 사용되는 원료와 보조사료는 다음 각 호의 어느 하나에 해당되어야 한다. 가) 법 제19조제1항에 따라 인증을 받은 유기식품 나) 법 제25조에 따라 동등성 인증을 받은 유기가공식품 다) 별표 1 제1호나목1)·2)의 단미사료 또는 보조사료(사용 가능 조건에 적합한 경우에 한함)			- 인증품 제조 · 가공 및 취급계획서 5. 작업 기록 및 원료관리 - 비식용유기가공식품 수입신고확인증(시행규칙 별지 제7의 5호 서식) - 동등성협약서(동등성체결국가의 경우 외국 인증기관의 인증서 사본 및 거래증명서)	- 유기사료 제조에 사용된 원료의 인증기준에 대한 적합성	[서류심사] - 가. 신청인이 제출한 심사자료 5 작업 기록 및 원료관리, 나. 입고내역, 다. 출고내역에 유기사료 제조에 사용되는 원료가 빠짐없이 모두 기재되어 있는지 여부와 기재되어 있는 원료가 인증기준에 적합한지를 확인한다. - 원료에 대해서는 유기식품 또는 유기가공식품으로 인증을 받은 원료(단미사료)인지, 취급계획서에 기록한 품목별 인증번호, 구매처명, 구매처 주소가 해당 품목의 인증확인서류(인증서, 인증서사본, 거래증명서)의 내용과 일치하는지 확인한다. 다만, 천연에서 유래한 원료를 사용할 수 있는 식물성 중 해조분, 동물성, 광물성 단미사료에 대해서는 해당 단미사료의 성분등록증, 원산지증명서, 원재료 순도, 제조 공정 등을 확인한다. - 보조사료에 대해서는 성분등록증, 성분배합비율의 사용가능 조건 여부를 확인한다. [현장심사] - 신청인이 신청서 및 취급계획서에 기재한 내역과 현장에 보유 중이거나, 경영관련 자료에 기록되어 있는 원료의 명칭, 인증번호, 구입처가 동일한지 확인하고, 원료별로 원료포장지의 라벨을 촬영하여 보고서에 첨부한다. 신청서에 기재되지 않은 원료가 발견된 경우 해당 원료에 대하여 구분하여 보고한다.	

1.2.2. 유전자변형생물체

인증기준			심사자료	심사사항	심사요령	첨부
규칙	고시	기타				
2) 유전자변형생물체 및 유전자변형생물체 유래의 원료를 사용할 수 없다.	2) 원료 또는 제품 및 시제품에 대한 검정 결과 GMO 성분이 검출되지 않아야 한다. 4) 유기가공식품 제조·가공에 사용된 원료가 '유전자변형생물체 또는 유전자변형생물체 유래의 원료'가 아니라는 것은 해당 가공원료의 공급자로부터 받은 다음 사항이 기재된 증빙서류로 확인한다. 가) 거래당사자, 품목, 거래량, 로트번호 나) 유전자변형생물체 또는 유전자변형생물체 유래의 원료가 아니라는 사실	[별표2] 인증심사의 절차 및 방법의 세부사항(제7조 3항 관련) 다. 현장 (2) 생산물: 취급시설에서 비 인증품을 병행하여 취급하는 경우(취급자), 전용 생산라인이 없이 일반가공품과 병행 가공하는 경우(가공식품), 기타 비인증품 또는 GMO의 혼입이 우려되는 경우	- 구분유통증명서(거래당사자, 품목, 거래량, 로트번호, 증명사항) - GMO 검사성적서	- 유전자 변형생물체 및 유전자 변형생물체 유래 원료 사용 여부	[서류심사] - 취급계획서에 기재된 원료 중 유전자변형생물체 및 유전자변형생물체 유래 가능성이 있는 원료인 콩, 옥수수, 유채, 면실 등의 원료가 포함되어 있는지 점검하고, 해당 원료가 있는 경우 구분유통증명서, 최근 1년 이내 동일 원료 분석성적서가 있는지 확인한다. [현장심사] - 검사용 시료 채취가 필요한 경우 시료를 고시 [별표2] 다. 현장심사 7),8),9)에 따라 실시하며, 병행생산 시설에서 유전자변형생 물체 및 유전자변형생물체 유래 원료가 있는 경우 해당 원료의 비산 등에 의한 확산 가능성을 검토하기 위하여 사료시설 내 유기사료 구역의 먼지 포집기에서 시료를 채취하여 분석한다. - 시료채취 순서: 검사 필요 여부 판정 → 신청인 또는 신청인 입회하에 시료채취 →시료수거 확인서 작성 → 시료봉인 → 시험연구기관 송부	

1.2.3. 첨가해서는 안 되는 물질

인증기준			심사자료	심사사항	심사요령	첨부
규칙	고시	기타				
3) 다음에 해당되는 물질을 사료에 첨가해서는 아니 된다. 가) 가축의 대사기능 촉진을 위한 합성화합물 나) 반추가축에게 포유동물에서 유래한 사료(우유 및 유제품을 제외)는 어떠한 경우에도 첨가해서는 아니 됨 다) 합성 질소 또는 비단백태 질소화합물 라) 항생제·합성항균제·성장촉진제, 구충제, 항콕시듐제 및 호르몬제 마) 그 밖에 인위적인 합성 및 유전자조작에 의해 제조·변형된 물질			- 비사용증명서 - GMO 검사성적서	- 첨가 금지 물질의 사용 여부	[서류심사] - 인증신청서 및 취급계획서가 빠짐없이 기록되어 있는지 확인하고, 경영관련 자료에 첨가 금지 물질을 구입하여 사용한 내용이 있는지 확인한다. [현장심사] - 제조시설의 4. 작업장의 구조와 용도를 적은 도면과 현장이 일치하는지 확인하고, 작업장에 첨가 금지물질이 보관되어 있거나 사용 흔적이 있는지 확인한다. 사용이 의심되는 경우 고시 [별표2] 다. 현장심사 7),8),9)에 따라 시료를 채취하여 검사를 한다.	

1.3. 가공방법

1.3.1. 가공방법

인증기준			심사자료	심사사항	심사요령	첨부
규칙	고시	기타				
1) 기계적, 물리적, 생물학적 방법을 이용하되 모든 원료와 최종 생산물의 유기적 순수성이 유지되도록	1) 규칙 별표 3 제4호다목1)에서 정한 '기계적 · 물리적 방법'은 절단, 분쇄, 혼합, 성형, 가열, 냉		- 인증품 제조 · 가공 및 취급계획서 3. 제조, 가공 및 취급 공정	- 가공방법 - 원료의 화학처리 여부	[서류심사] - 취급계획서의 공정이 빠짐없이 기록되어 있는지 확인하여, 화학적 공정이 있는지 확인한다.	

인증기준			심사자료	심사사항	심사요령	첨부
규칙	고시	기타				
하여야 한다. 원료의 속성을 화학적으로 변형시키거나 반응시키는 일체의 첨가물, 보조제, 그 밖의 물질은 사용할 수 없다.	각 가압, 감압, 건조 분리(여과, 원심분리, 압착, 증류), 절임, 훈연 등을 말하며, '생물학적 방법'은 발효, 숙성 등을 말한다.		- 사업장의 경계면을 표시한 지도 - 작업장의 구조와 용도를 적은 도면		[현장심사] - 사료의 각 제조단계별로 생산라인을 따라 이동하면서 가공방법으로 인증기준에서 정한 기계적 · 물리적 방법'은 절단, 분쇄, 혼합, 성형, 가열, 냉각 가압, 감압, 건조 분리(여과, 원심분리, 압착, 증류), 절임, 훈연 등과 '생물학적 방법'은 발효, 숙성 이외의 다른 방법이 사용되는지 확인한다.	

1.3.2. 전리방사선

인증기준			심사자료	심사사항	심사요령	첨부
규칙	고시	기타				
2) 유기사료의 가공 및 취급과정에서 전리방사선을 사용할 수 없으며, 전리방사선을 조사한 물질을 원료로 사용할 수 없다.	2) 규칙 별표 3 제4호다목2)에서 정한 '전리방사선'은 살균, 살충, 발아억제, 성숙의 지연, 선도 유지, 식품 물성의 개선 등을 목적으로 사용되는 방사선을 말하며, 이물탐지용 방사선(X선)은 제외한다.		- 인증품 제조 · 가공 및 취급계획서 7. 생산물의 품질관리 가 방사선 사용여부 및 목적	- 전리방사선의 사용 여부 및 목적의 적합성	[서류심사] - 인증품 취급계획서 상의 방사선 사용 여부 및 사용 목적이 인증기준에 적합한지 확인한다. [현장심사] - 원료 공급업체에 방사선 사용 여부 및 목적을 확인한다. [참고] - 국내에 전리방사선 사용이 의심 되는 제품과 목적은 다음과 같다. - 감자, 양파, 마늘, 밤 등에 발아억제 및 선도유지 목적 - 건조 향신료, 소스류 등 살충 살균 목적	

1.3.3. 추출방법

인증기준			심사자료	심사사항	심사요령	첨부
규칙	고시	기타				
3) 추출을 위하여 물, 에탄올, 식물성 및 동물성 유지, 식초, 이산화탄소, 질소를 사용할 수 있다.			- 1인증품 제조·가공 및 취급계획서 - MSDS - 제품 표시사항	- 추출 공정 유무 - 추출 시 사용하는 용매의 인증기준 적합 여부	[서류심사] - 취급계약서 3. 제조, 가공 및 취급 공정에 추출공정이 있는지 확인하고, 취급계획서 5. 작업 기록 및 원료관리 마.에 추출물질의 기록 여부 및 물질명을 확인한 후, 물질에 대한 품목제조보고서 및 산업물질안전자료(MSDS)를 확인한다. [현장심사] - 추출공정이 있고 추출물질이 있다면 추출 시 사용하는 용매의 제품표시사항(라벨)이 취급계획서에 작성한 물질과 일치하는지 확인하고, 제조시설 내에 취급계획서에 기록하지 않은 다른 물질이 있는 경우 재확인한다.	

1.3.4. 여과

인증기준			심사자료	심사사항	심사요령	첨부
규칙	고시	기타				
4) 여과를 위하여 석면을 포함하여 생산물 및 환경에 부정적 영향을 미칠 수 있는 물질이나 기술을 사용할 수 없다.			- 인증품 제조·가공 및 취급계획서 - 여과망의 재질	- 여과 공정 유무, 여과 시 사용하는 여과망의 재질	[서류심사] - 취급계약서 3. 제조, 가공 및 취급공정에 여과공정이 있는지 확인한다. [현장심사] - 여과공정이 있다면 여과망의 재질이 인증기준에 적합한지 확인한다.	

1.4. 제조시설기준

1.4.1. 제조시설기준

인증기준			심사자료	심사사항	심사요령	첨부
규칙	고시	기타				
1) 제조시설은「사료관리법 시행규칙」 제6조의 시설기준에 적합하여야 한다.		사료관리법 시행규칙 **제5조(제조업의 등록)** ①「사료관리법」 제8조 제1항에 따라 배합사료, 보조사료 또는 단미사료 제조업의 등록을 하려는 자는 별지 제1호 서식의 사료제조업등록신청서에 시설개요서를 첨부하여 제조시설의 소재지를 관할하는 특별시장·광역시장·도지사 또는 특별자치도지사(이하 "시·도지사"라 한다)에게 제출하여야 한다. 다만, 단미사료의 제조업으로서 어선 등 제조시설이 이동성이 있는 것인 경우에는 주사무소의 소재지 또는 주로 입항하는 항구를 관할하는 시·도지사에게 제출하여야 한다. ② 시·도지사가 제1항에 따른 제조업의 등록신청을 받은 때에는 해당 시설을 검사하고, 그 시설이 제6조에 따른 기준에 적합하면 별지 제2호 서식의 사료제조업등록증을 발급하여야 한다. **제6조(제조업의 시설기준)**「사료관리법」 제8조 제2항에 따른 사료제조업의 시설기준은 별표 1부터 별표 3까지와 같다.	- 인증품 제조 · 가공 및 취급계획서 - 사료제조업등록증 - 사료성분등록증	- 사료제조시설의 적합 여부 - 사료제조업 등록 여부	**[서류심사]** - 인증품 제조 · 가공 및 취급계획서 2. 신청내역에 가. 작업장 시설 및 품목내역 내용이 빠짐없이 기재되어 있는지 확인하고, 기재된 사업장 시설의 소재지, 지번과 사료제조업등록증의 일치 여부와 품목 내역이 사료성분등록증과 일치하는지 확인한다. **[현장심사]** - 신청인이 제출한 4. 작업장의 구조와 용도를 적은 도면과 현장이 일치하는지 확인하고,「사료관리법」에서 정한 시설물이 제조시설 안에 설치 · 운영되는지 확인한다.	1 2 3 4

1.4.2. 원료의 구분 보관

인증기준			심사자료	심사사항	심사요령	첨부
규칙	고시	기타				
2) 유기사료 생산을 위한 원료와 유기사료가 아닌 사료(이하 "일반사료"라 한다) 생산을 위한 원료는 혼합되지 않도록 별도의 저장시설을 갖추고 구분관리하여야 한다.			- 취급계획서 - 사업장의 경계면을 표시한 지도 - 작업장의 구조와 용도를 적은 도면	- 원료의 유기적 순수성 - 원료의 구분 관리 여부	[서류심사] - 취급계획서 5. 작업 기록 및 원료관리 라.에 일반사료 생산을 위한 원료가 있는지 확인하고, 일반사료 생산을 위한 원료가 있는 경우 사업장의 경계면을 표시한 지도에서 저장 공간이 구분되어 있는지 확인한다. [현장심사] - 제조시설의 취급계획서에 기재한 품목 이외의 것이 있는지 확인하고, 저장 공간이 상호 교차 오염이 발생하지 않도록 구분되어 있는지 확인한다.	

1.4.3. 생산라인의 구분관리

인증기준			심사자료	심사사항	심사요령	첨부
규칙	고시	기타				
3) 유기사료를 제조하기 위한 생산라인은 일반사료 생산라인과 별도로 구분되어야 한다. 다만, 일반사료 생산 후 생산라인이 세척(flushing) 관리되는 경우에는 일반사료 생산라인과 같은 생산라인에서 유기사료를 생산할 수 있다.			- 인증품 제조 · 가공 및 취급계획서 - 사업장의 경계면을 표시한 지도 - 작업장의 구조와 용도를 적은 도면	- 생산라인의 구분 여부 - 병행생산시 세척 후 교차위험 잔존 여부	[서류심사] - 작업장의 구조와 용도를 적은 도면에서 사료 생산라인의 개수를 확인하고, 생산라인별로 취급계획서의 생산품목을 확인한다. [현장심사] - 현장심사는 고시 [별표2] 1. 인증심사 일반 다. 현장심사 2)에 따라 인증품을 제조, 가공 또는 취급 중인 시기에 실시하며, 원료의 투입부터 취급계획서에 따른 전 공정을 따라 생산시설, 생산장소를 이동하며 라인의 구분 여부, 라인상의 Flushing 시 잔류물이 남는 장소, 잔류물이 유기사료와 혼합될 가능성이 있는지를 확인한다. - 혼합 가능성이 있다고 의심되면 Flushing 후 첫 생산품을 채취하여 검사한다.	

1.5. 해충 및 병원균 관리

인증기준			심사자료	심사사항	심사요령	첨부
규칙	고시	기타				
1) 해충 및 병원균 관리를 위하여 별표 1 제1호가목2)에서 정한 물질을 제외한 화학적인 방법이나 방사선 조사 방법을 사용할 수 없다.		시행규칙 [별표 1] 허용물질의 종류 나. 유기축산물 및 비식용유기가공품 3) 축사 농기계 및 기구의 소독용으로 사용이 가능한 물질 ○ 「동물용 의약품등 취급규칙」 제5조에 따른 동물용 의약외품으로 허가 또는 신고된 물질만 사용할 수 있다. 반드시 가축 또는 사료에 접촉되지 않도록 사용하여야 한다.	- 인증품 제조·가공 및 취급계획서 6. 해충 및 병원균 관리 - 방제업체계약서 - 약품 품목제조 보고서 및 MSDS	- 해충 및 병원균 관리 물질	[서류심사] - 취급계획서 6. 해충 및 병원균 관리에 기재된 방법 및 관리 물질이 모두 기재되어 있는지 확인하고, 해당 물질이 증빙자료에 의해 시행규칙 별표 1 제1호가목2)에서 정한 물질, 해충 및 병원균 관리에 해당하는지 여부와 방법이 허용된 방법인지 확인한다. [현장심사] - 인증신청 작업장 내에서 사용하는 해충 및 병해균 관리 방법이 취급계획서에 기재된 내용과 일치하는지 확인하고, 사용하는 물질이 동일한지 표시사항, 구입내역을 확인한다. 신청서류에 기록되지 않은 물질 및 방법을 사용하는 경우 추가 증명을 요구하고 적정성 여부를 확인한다. 물질에 의한 오염이 우려될 경우 분석가능한 분석기관이 있으면 검사를 의뢰한다.	
2) 해충 및 병원균을 없애기 위하여 예방적 방법, 기계적·물리적·생물학적 방법을 우선 사용하여야 한다.	1) 규칙 별표 3 제4호라목2)에서 정한 해충 및 병원균을 없애기 위한 '예방적 방			- 해충 및 병원균을 없애기 위한 예방적 방법	[서류심사] - 취급계획서 6. 해충 및 병원균 관리 가.에 허용물질 사용에 앞서 고시 별표 1에서 정한 방법 등의 활용내역이 빠짐없이 기록되어 있는지 확인한다.	

인증기준			심사자료	심사사항	심사요령	첨부
규칙	고시	기타				
다만, 불가피한 경우에는 별표 1 제1호가목2)에서 정한 물질을 사용할 수 있다	법'은 서식처 제거, 접근 경로의 차단, 천적의 활용 등을 말하며, 기계적・물리적・생물학적 방법'은 물리적 장벽, 음파, 초음파, 빛, 자외선, 덫, 온도관리, 성호르몬 처리 등을 활용하는 것을 말한다.				**[현장심사]** - 취급계획서에 기록된 방법들이 실행되고 있는지 확인하고, 사업장의 경계면을 표시한 지도 및 작업장의 구조와 용도를 적은 도면에 방법 및 위치를 표시한다. - 작업장에서 사용하는 장비 및 시설에 대한 해충 및 병원균 발생현황 및 가능성을 확인하고, 해당 해충・병원균의 관리방법 및 관리 물질 및 사용 시기, 사용 시 유기사료의 보관방법, 유기사료 보호조치를 확인(유기취급계획 및 현장 조사)하여 허용물질 이외의 물질이 사용되는지 확인한다. - 허용되지 않은 물질에 의한 오염이 의심되는 경우 해당 물질에 대한 잔류검사를 실시한다.	
3) 해충과 병원균 관리를 위해 장비 및 시설에 허용되지 않은 물질을 사용하지 않아야 한다. 허용되지 않은 물질이나 금지된 방법으로부터 유기사료를 보호하기 위해 격리 등의 충분한 예방조치를 하여야 한다.			- 장비 및 시설의 관리 및 보관	- 해충과 병원균 관리 방법 및 유기사료를 보호하기 위한 방법	**[서류심사]** - 인증품 생산·취급계획서에 기록된 자재 중 허용되지 않은 자재가 기록되어 있는지 확인하다. **[현장심사]** - 인증품 생산·취급계획서에 기록되지 않은 자재의 사용흔적, 빈 용기, 제품, 라벨, 사용기록이 있는지 확인한다.	

1.6. 세척 및 소독

<table>
<tr><th colspan="2">인증기준</th><th rowspan="2">심사자료</th><th rowspan="2">심사사항</th><th rowspan="2">심사요령</th><th rowspan="2">첨부</th></tr>
<tr><th>규칙</th><th>고시</th></tr>
<tr><td rowspan="4">1) 유기사료는 시설이나 설비 또는 원료의 세척, 살균, 소독에 사용된 물질을 함유하지 않아야 한다.
2) 사업자는 유기사료가 제조·가공 또는 취급에 사용할 수 있도록 허용되지 않은 물질이나 해충, 병원균, 그 밖의 이물질로부터 오염되지 않도록 필요한 예방 조치를 하여야 한다.
3) 같은 시설에서 유기사료와 일반 사료를 함께 제조·가공 또는 취급하는 사업장에서는 유기사료를 생산하기 전 설비의 청소를 충분히 실시하고 청소 상태를 점검·기록하여야 한다.
4) 세척제·소독제를 시설 및 장비에 사용하는 경우 유기사료의 유기적 순수성이 훼손되지 않도록 조치하여야 한다.</td><td rowspan="4">4) 작업장의 소독을 위해 자재를 사용한 경우에는 사용일자, 제품명, 방법, 목적 등을 기록 · 관리하여야 한다.</td><td rowspan="3">- 인증품 제조 · 가공 및 취급계획서 6. 해충 및 병원균 관리
- 세척, 소독제 품목제조보고서
- MSDS
- 곤충 예찰지
- 이물리스트
- 청소 실시 및 청소 상태 점검 기록</td><td>- 사료제조시설 내에서 사용되는 세척, 살균, 소독에 사용되는 물질의 혼입 여부</td><td rowspan="4">[서류심사]
- 취급계획서 6. 해충 및 병원균 관리에 시설이나 설비 또는 원료의 세척, 살균, 소독에 사용된 물질이 빠짐없이 기재되어 있는지 확인한다. 기재된 방법 및 물질이 증빙자료에 의해 시행규칙 별표 1 제1호 가목2)에서 정한 물질, 해충 및 병원균 관리에 해당하는지 여부와 방법이 허용된 방법인지 확인한다.
[현장심사]
- 인증신청 작업장 내에서 사용하는 세척 및 소독에 사용하는 방법 및 물질이 취급계획서에 기재된 사항과 일치하는지 확인한다.
- 시설 및 설비에 대하여 세척 소독하는 방법을 관찰하고, 실시 내역을 기록한 내용을 확인한다.
- 세척 및 소독의 주기, 방법, 세척 및 소독 물질, 세척 및 소독 물질 사용 시 유기사료 보호조치 사항이 적정한지 확인한다.
- 장비 및 시설의 세척 상태를 확인한다.
- 장비 및 시설을 소독 후 유기사료 제조 전에 실시되는 잔류물질의 제거방법(Flushing) 및 제거 여부 확인방법을 점검하고, 유효성을 바탕으로 유기사료의 순수성 훼손 가능성 여부를 확인한다.
- 유기적 순수성이 훼손된 제품의 처리방안이 계획되어 있는지 확인하고, 사후관리 시 점검한다.</td><td rowspan="4"></td></tr>
<tr><td>- 유기사료에 허용되지 않은 물질, 해충, 병원균, 그 밖의 이물질에 의한 오염 여부</td></tr>
<tr><td>- 청소 후 일반사료 잔존 여부</td></tr>
<tr><td>- 인증품 취급 계획서</td><td>- 유기적 순수성 훼손 방지 조치</td></tr>
</table>

1.7. 포장

인증기준			심사자료	심사사항	심사요령	첨부
규칙	고시	기타				
1) 포장재와 포장방법은 유기사료를 충분히 보호하면서 환경에 미치는 나쁜 영향이 최소화도록 선정하여야 한다.	2) 인증품과 일반농산물 또는 같은 품목에 인증종류가 다른 농산물을 같은 시간대에 같은 작업공간에서 재포장하거나 포장되지 않은 상태로 같은 공간에 보관하여서는 아니 된다. 다만, 인증종류가 다른 인증품을 혼합하여 낮은 단계의 인증종류 명칭을 표시하는 경우에는 그러하지 아니한다.		- 인증품취급계획서 - 포장재 시험성적서(용출시험) - 포장재 견본	- 포장재의 유기사료 보호 가능 여부 - 포장재의 환경 영향 최소화(재활용 가능성)	[서류심사] - 인증품취급계획서 2. 신청내역 나에 기재된 품목명별 포장재 견본 및 포장재 시험성적서를 확인하여, 재활용이 가능하고, 유기사료 보관 시 쉽게 부서지거나 이물이 발생하여 혼입 우려가 있는지, 외부 오염원이 될 수 있는 비유기물질의 비산, 세척 및 소독약품이 흡수되는 재질인지, 합성살균제, 보존제, 훈증제를 함유하고 있는지 확인한다.	
2) 포장재는 유기사료를 오염시키지 않는 것이어야 한다. 3) 합성살균제, 보존제, 훈증제 등을 함유하는 포장재, 용기 및 저장고는 사용할 수 없다.				- 포장재에 의한 유기사료 오염 가능성 - 포장재, 용기, 저장고의 사용 조건	[현장심사] - 인증신청 시 제출한 품목별 포장재를 확인하여, 이물이 발생하는지, 이취가 발생하는지 확인한다. [참고] - 사료는 일반적으로 안쪽 비닐로 1차 포장한 후 종이나 PP 소재의 톤백 등으로 포장하거나 안쪽에 비닐이 코팅된 종이 포대를 사용한다.	
4) 유기사료의 유기적 순수성을 훼손할 수 있는 물질 등과 접촉한 재활용된 포장재나 그 밖의 용기는 사용할 수 없다.				- 재활용 포장재에 의한 유기적순수성 훼손 가능성	[서류심사] - 포장재의 출처, 포장재의 용도, 내용물, 내용물에 대한 화학처리 실시 여부에 관한 구입기록, 입고기록, 사용 및 재고량에 관한 자료를 확인한다. [현장심사] - 재활용 포장지에 남아있는 라벨, 제품 표시사항 등을 확인하여 포장재 구입처 및 용도가 일치하는지 확인하고, 포장재 내부에 잔존물이 남아 있는지 확인한다.	

1.8. 유기원료 및 가공된 사료의 수송 및 운반

인증기준		심사자료	심사사항	심사요령	첨부
규칙	고시				
1) 사업자는 환경에 미치는 나쁜 영향이 최소화되도록 원료나 사료의 수송 방법을 선택하여야 하며, 수송 과정에서 유기사료의 순수성이 훼손되지 않도록 필요한 조치를 하여야 한다. 2) 수송 또는 운반과정에서 유기사료가 다른 물질이나 허용되지 않은 사료물질과 접촉 또는 혼합되지 않도록 확실하게 구분하여 취급하여야 한다.	1) 원료 인증품의 수송, 저장 등의 과정(재포장을 위해 인증품의 포장을 뜯어내기 이전의 전 과정)에서 인증표시가 된 상태를 유지하여야 한다.	- 취급계획서 경영관리 나. 자료명칭 - 작업 기록 및 원료관리 - 차량관리대장 - 보관창고 관리대장 - 세척, 소독 관련 기록	- 수송 및 운반원칙	[서류심사] - 유기취급계획에 '수송 및 운반 원칙'에 관한 내용이 있으며, 환경에 대한 내용 및 유기사료 순수성 훼손 방지를 위한 운반 시 포장상태, 적재방법 등이 기술되어 있는지 확인한다. [현장심사] - 유기취급계획에서 정한 내용이 실행되고 있는지 확인한다. - 원료 및 유기사료의 운반이나 수송 시 운반도구나 차량이 유기사료 전용으로 이용되는지, 유기사료 이외의 다른 물질이나 사료와 함께 운반하는지 확인한다. 사료운송장 등에 구분관리 등 인증기준 준수를 위하여 필요한 사항이 기재되어 있는지 확인한다.	
3) 수송 장비 및 운반용기의 세척, 소독을 위하여 허용되지 않은 물질을 사용할 수 없다.			- 수송 장비 및 운반용기의 세척, 소독 여부 및 사용 물질	[서류심사] - 유기취급계획에 수송 장비 및 운반용기의 세척, 소독의 방법, 주기, 사용물질, 오염된 제품의 처리방법에 대한 계획이 인증기준에 적합한지 확인한다. [현장심사] - 유기취급계획대로 실천되고 있는지 확인하며, 운반에 사용되는 차량 및 운송장비에 오염흔적이나 잔류물이 없는지 확인한다.	
4) 제품을 벌크 형태로 운반하는 경우 유기사료 전용차량을 이용하여야 한다. 다만, 운반차량이 일반 사료 운반 후 세척(flushing) 관리되는 경우 같은 차량을 이용할 수 있다.			- 전용차량 사용 여부 - 일반 차량 사용 시 운반 전 세척 여부	[현장심사] - 차량 내부에 인증 신청한 품목 이외 다른 품목을 상차한 흔적(잔류물, 포장재, 라벨) 등이 남아 있는지 확인하고, 일반사료를 운반하는 차량인 경우 유기사료 상차 전에 차량 내부, 사료 이송장치 등에 잔류물이 남는 장소와 세척 방법이 유기취급계획대로 실행되는지 확인하고, 잔류물의 처리방법에 따라 처리한 경우 잔류물이 남아 있는지 확인한다.	

1.9. 기록 문서화 및 접근보장

1.9.1. 기록 보관 및 열람

인증기준		심사자료	심사사항	심사요령	첨부
규칙	기타				
1) 별표 4 제2호에 따른 경영관련 자료를 기록·보관하고, 국립농산물품질관리원장 또는 인증기관의 장이 열람을 요구하는 때에는 이에 응할 수 있어야 한다. 3) 사업자는 유기사료의 제조·가공 및 취급에 필요한 모든 원료, 보조사료, 가공보조제, 세척제, 그 밖의 사용자재의 구매, 입고, 출고, 사용에 관한 기록을 작성하고 보존하여야 한다.	시행규칙 [별표4] 경영관련 자료 (제10조 2호 관련) 2. 제조 가공 및 취급자 가. 원료로 사용한 농축산물 · 가공식품의 입고 · 사용 · 보관에 관한 사항을 기록한 자료: 원료명, 일자별 입고량 · 사용량 · 보관량, 공급자 증명서 나. 제조 · 가공 및 취급에 사용된 식품첨가물 및 가공보조재 사용내용을 기록한 자료: 자재명, 일자별 사용량, 사용목적, 사용가능한 물질임을 증명하는 서류 다. 인증품의 생산 및 출하처별 판매량: 품목명, 일자별 생산량, 일자별 · 거래처별 판매량 라. 인증품의 취급(저장, 포장, 운송, 수입 또는 판매) 과정에 대한 자료 마. 가목에서 라목까지의 자료의 기록기간은 최근 3개월간으로 함	- 인증품 제조 · 가공 및 취급계획서 - 유기취급 계획 - 경영관련 - 자료(최근 3개월)	- 경영관련 자료의 적정성 - 작업장에서 사용하는 모든 자재의 구매, 입고, 출고, 사용에 관한 기록의 작성 및 보존에 관한 사항	[서류심사] - 취급계획서 4. 경영관리에 기록된 자료명칭 및 기록하는 내용이 시행규칙 별표4에서 정한 경영 관련 자료 모두를 포함하고 있는지 확인한다. [현장심사] - 취급계획서 4.에 기록된 자료명칭별로 기록하는 방법 및 기록하는 내용, 기록물 관리자가 동일한지 내용을 확인한다. [서류심사] - 취급계획서 5. 작업 기록 및 원료관리에 관해 시행규칙에서 정한 모든 내용(원료로 사용한 농축산물 · 가공식품의 입고 · 사용 · 보관에 관한 사항을 기록한 자료: 원료명, 일자별 입고량 · 사용량 · 보관량 · 공급자 증명서, 제조 · 가공 및 취급에 사용된 식품첨가물 및 가공보조재 사용 내용을 기록한 자료: 자재명, 일자별 사용량, 사용목적, 사용가능한 물질임을 증명하는 서류)이 기록하고 보존되는지 확인한다. [현장심사] - 취급계획서 5.에 기록된 자료명칭별로 기록하는 방법 및 기록하는 내용, 기록물 관리자가 동일한지 내용을 확인한다.	

1.9.2. 관리체계 문서화의 내용 및 승인의무

인증기준			심사자료	심사사항	심사요령	첨부
규칙	고시	기타				
2) 사업자는 제조·가공, 포장, 보관·저장, 운반·수송, 판매 등 취급의 전반에 걸쳐 유기적 순수성을 유지할 수 있는 관리체계를 구축하기 위하여 필요한 만큼 문서화된 계획을 수립하여 실행하여야 하며, 문서화된 계획은 인증기관의 장의 승인을 받아야 한다.			- 인증품 제조·가공 및 취급계획서 - 유기취급계획 - 경영관련자료 (최근 3개월)	- 관리체계의 문서화 여부, 관리체계에 따른 실행 여부, 인증기관 승인 여부	[서류심사] - 문서화된 유기취급계획에 제조·가공, 포장, 보관·저장, 운반·수송, 판매 등 취급의 전반에 걸쳐 유기적 순수성을 유지할 수 있는 관리체계 구축 여부를 확인한다. [현장심사] - 문서화된 유기취급계획에 제조·가공, 포장, 보관·저장, 운반·수송, 판매 등 취급의 전반에 걸쳐 유기적 순수성을 유지할 수 있는 관리체계 실행 여부를 확인한다. - 미승인으로 적발 시 과태료가 부과됨을 고지한다.	

1.9.3. 관리지침 문서의 종류 및 실행의무

인증기준			심사자료	심사사항	심사요령	첨부
규칙	고시	기타				
4) 사업자는 제조·가공, 포장, 보관·저장, 운반·수송, 판매, 그 밖에 취급에 관한 유기적 관리지침을 문서화하여 실행하여야 한다.			- 인증품 제조·가공 및 취급계획서 - 유기취급계획 - 경영관련자료 (최근 3개월)	- 제조·가공, 포장, 보관·저장, 운반·수송, 판매, 그 밖에 취급에 관한 유기적 관리지침을 문서화하여 실행 여부	[서류심사] - 문서화된 유기적 관리지침(유기취급계획)에 제조·가공, 포장, 보관·저장, 운반·수송, 판매, 그 밖에 취급에 관한 내용을 빠짐없이 작성하는지 여부를 확인한다. [현장심사] - 유기적 관리지침에 따른 제조·가공, 포장, 보관·저장, 운반·수송, 판매, 그 밖에 취급에 관한 사항의 실행 여부를 확인한다.	

1.9.4. 기록 및 현장접근 허용 보장 의무

인증기준			심사자료	심사사항	심사요령	첨부
규칙	고시	기타				
5) 사업자는 인증심사 및 사후관리를 위해 필요한 경우 유기사료의 제조·가공에서부터 취급에 이르는 전 과정에 관한 모든 기록 및 관련 현장에 접근할 수 있도록 조건 없이 보장하여야 한다.			- 인증품 제조 · 가공 및 취급계획서 - 유기취급계획 - 경영관련 자료 (최근 3개월)	- 취급계획서 9. 신청인 확인사항을 확인한다.	- 인증심사 시 취급계획서 9. 신청인 확인사항을 확인하고, 인증결과 통보 시(인증자에 대한 인증서 교부 시) 기록 및 인증기관, 국립농산물품질관리원 등 관리기관이 기록 및 관련 현장에 접근할 수 있도록 조건 없이 보장한다는 사항을 고지한다.	

인증기준			심사자료	심사사항	심사요령	첨부
규칙	고시	기타[사료공정서 별표13.3.나]				
		나. 유기배합사료는 다음의 요건을 충족하여야 한다. 1) 잔류농약: 「사료관리법」의 유해사료의 범위와 기준에서 정한 허용기준치의 1/10이하 2) 중금속 및 곰팡이 독소: 「사료관리법」의 유해사료의 범위와 기준에서 정한 허용기준치 이하 3) 항생제 및 합성항균제: 불검출 4) GMO농산물 혼입율: 불검출	- 잔류농약분석서 - 중금속 및 곰팡이 독소 분석서 - 항생제 및 합성항균제 분석서 - GMO 검사 성적서	- 유기배합사료 내 잔류농약의 양 - 유기배합사료 내 중금속 및 곰팡이 독소 분석서 - 유기배합사료 내 항생제 및 합성항균제 분석서 - 유기배합사료 내 GMO 검사 성적서	- 유기배합사료의 최종 제품에 대하여 최초 인증 심사 시 또는 생산 과정 조사 시 시료를 채취하여 안전성 분석을 실시한다.	

2. 생산과정조사

2.1. 조사주기

1) 인증건별 연1회 이상 생산과정조사를 실시한다.
2) 1)에도 불구하고 해당 인증 건이 최근 3년 이내에 행정처분을 받았거나 생산물에서 유해잔류물질이 검출된 경우에는 연 2회 이상 실시한다. (시행규칙 제33조 제4항에 따라 불시 심사를 한 경우에는 생산과정조사를 한 것으로 간주한다)
3) 농관원장의 특별조사계획이 있는 경우에는 조사주기와 상관없이 생산과정조사를 실시한다.

2.2. 인증품 출하내역

조사기준			조사 자료	조사 사항	조사 요령	인증관리		비고	첨부
규칙	고시 (자. 기록·문서화 및 접근보장)	기타				시스템 입력사항	조치 사항		
	1) 별표4제2호에 따른 경영관련 자료를 기록·보관하고, 국립농산물품질관리원장 또는 인증기관의장이 열람을 요구하는 때에는 이에 응할 수 있어야 한다. 3) 사업자는 유기사료의 제조·가공 및 취급에 필요한 모든 원료, 보조사료, 가공보조제, 세척제, 그 밖의 사용자재의 구매, 입고, 출고, 사용에 관한 기록을 작성하고 보존하여야 한다.		출하내역	인증품의 출하내역을 확인한다.	- 완제품 기초재고량+원료구입량 - 폐기량 =원료사용량+완제품기말제고량-폐기량이 일치하는지 확인한다. - 인증품 출하내역과 거래증명서 발급내역이 일치하는지 확인한다.			**[인증취소]** - 인증품에 인증품이 아닌 제품을 혼합하거나 인증품이 아닌 제품을 인증품으로 판매하는 경우 - 위반 시 형사처벌 사항 고지 **[해당제품의 판매금지]** - 인증품이 아닌 제품을 인증품으로 표시 또는 광고한 것으로 인정되는 때	

2.3. 금지물질

조사기준			조사 자료	조사 사항	조사 요령	인증관리		비고	첨부
규칙	고시	기타				시스템 입력사항	조치사항		
가. 일반요건 2) 사업자는 유기사료의 가공 및 유통과정에서 원료의 유기적순수성을 훼손하지 않아야 한다. 3) 사업자는 유기생산물과 유기생산물이 아닌 생산물을 혼합하지 않아야 하며, 접촉되지 않도록 구분하여 취급하여야 한다. 4) 사업자는 유기생산물이 오염원에 의하여 오염되지 않도록 필요한 조치를 하여야 한다. **나. 가공원료** 2) 유전자변형생물체 및 유전자변형생물체 유래의 원료를 사용 할 수 없다. 3) 다음에 해당되는 물질을 사료에 첨가해서는 아니 된다. 가) 가축의 대사기능촉진을 위한 합성화합물 나) 반추가축에게 포유동물에서 유래한 사료(우유 및 유제품을 제외)는 어떠한 경우에도 첨가해서는 아니 된다. 다) 합성질소 또는 비단백태질소화합물 라) 항생제·합성항균제·성장촉진제, 구충제, 항콕시듐제 및 호르몬제 마) 그 밖에 인위적인 합성 및 유전자조작에 의해 제조·변형된 물질 **마. 해충 및 병원균 관리**	2) 원료 또는 제품 및 시제품에 대한 검정결과 GMO 성분이 검출되지 않아야 한다. 4) 유기가공식품 제조·가공에 사용된 원료가 '유전자변형 생물체 또는 유전자변형 생물체 유래의 원료'가 아니라는 것은 해당 가공원료의 공급자로부터 받은 다음 사항이 기재된 증빙서류로 확인한다. 가) 거래당사자, 품목, 거래량, 롯트번호 나) 유전자변형 생물체 또는	시행규칙[별표1] 허용물질의 종류 나.유기축산물 및 비식용유기가공품3)축사농기계 및 기구의 소독용으로 사용이 가능한 물질 ○「동물용의약품등취급규칙」제5조에따른 동물용의약외품으로 허가 또는 신고된 물질만 사용할 수 있다. 반드시 가축 또는 사료에 접촉되지 않도록 사용하여야 한다. [별표2]인증심사의 절차 및 방법의 세부사항(제7조3항 관련) 다. 현장 (2) 생산물: 취급시	현장조사	금지물질의 구입, 보관 및 사용여부를 확인한다.	**[현장심사]** - 인증시설 내부에 금지물질, 금지물질의 빈용기나 포장재, 사용흔적이 있는지 확인 한다. - 사용이 의심되면 신청자나 신청자가 족입회 하에 시료를 채취하여 검사를 실시한다. - 최근 1년 이내에 생산물에서 금지물질이 검출된 경우는 반드시 검사를 실시한다.		**[인증취소]** - 인증품에 인증품이 아닌 제품을 혼합하거나 인증품이 아닌 제품을 인증품으로 판매하는 경우 **[해당인증품의 인증표시정지]** - 그 밖의 인증품이 법제19조제2항에 따른 인증기준에 맞지 아니한 때		

<table>
<tr><th colspan="3">조사기준</th><th rowspan="2">조사
자료</th><th rowspan="2">조사
사항</th><th rowspan="2">조사
요령</th><th colspan="2">인증관리</th><th rowspan="2">비고</th><th rowspan="2">첨부</th></tr>
<tr><th>규칙</th><th>고시</th><th>기타</th><th>시스템
입력사항</th><th>조치사항</th></tr>
<tr><td>1) 해충 및 병원균 관리를 위하여 별표1 제1호가목2)에서정한 물질을 제외한 화학적인방법이나 방사선조사방법을 사용할 수 없다.
바. 세척 및 소독
1) 유기사료는 시설이나 설비 또는 원료의 세척, 살균, 소독에 사용된 물질을 함유하지 않아야 한다.
사. 포장
2) 포장재는 유기사료를 오염시키지 않는 것이어야 한다.
3) 합성살균제, 보존제, 훈증제등을 함유하는 포장재, 용기 및 저장고는 사용할 수 없다.
4) 유기사료의 유기적순수성을 훼손 할 수있는 물질 등과 접촉한 재활용된 포장재나 그 밖의 용기는 사용할 수 없다.
아. 유기원료 및 가공된 사료의 수송 및 운반
1) 사업자는 환경에 미치는 나쁜 영향이 최소화되도록 원료나 사료의 수송방법을 선택하여야 하며, 수송과정에서 유기사료의 순수성이 훼손되지 않도록 필요한 조치를 하여야 한다.
3) 수송 또는 운반과정에서 유기사료가 다른 물질이나 허용되지 않은 사료물질과 접촉 또는 혼합되지 않도록 확실하게 구분하여 취급하여야 한다.</td><td>유전자변형 생물체 유래의 원료가 아니라는 사실</td><td>설에서 비인증품을 병행하여 취급하는 경우(취급자), 전용생산라인이 없이 일반가공품과 병행가공하는 경우(가공식품), 기타 비인증품 또는 GMO의 혼입이 우려되는 경우</td><td></td><td></td><td></td><td></td><td></td><td></td><td></td></tr>
</table>

2.4. 인증품의 표시사항

조사기준			조사 자료	조사 사항	조사 요령	인증관리		비고	첨부
규칙	고시	기타				시스템 입력사항	조치사항		
	[별표 4] 인증품의 세부적인 사항 등 (제12조 제1항 관련)	시행규칙 [별표5] 유기식품등의 유기표준기준 시행규칙 [별표6] 유기식품등의 인증정보표시방법	인증표시 제품라벨	- 인증표시시가 시행규칙별표5에서 정한규정에 맞게 제작하여 표기하였는지 점검한다. - 유기 문자 표시가 유기사료 또는 유기농사료/유기농OO 또는 유기OO(OO은 사료의 일반적 명칭으로 한다) 다만. “식품”이 들어가는 단어는 사용 할 수 없다. - 인증정보 표시사항이 인증품을 생산 포장한 사업자(인증자)의 인증정보와 일치하는지 여부와 인증사업자의 명칭(업체명), 전화번호, 포장작업장주소, 인증번호 및 인증기관명이 인증서와 일치하게 표시되어 있는지 확인 한다.	- 인증품 또는 인증품의 포장 · 용기에 표시하는 방법 가. 생산, 제조 · 가공자의 표시를 참고하여 제품의 라벨, 포장지에 인증표시와 인증표시문자, 인증표시 사항이 인증서의 내용과 일치하게 표시되어 있는지 확인한다. - 인증품목별 제품표시 라벨이인증신청 시 제출한 견본의 내용과 일치하는지 확인한다. - 인증표시를 포함한 인증라벨, 인증이 포함된 포장재의 구입수량, 사용수량, 재고수량이 일치하는지 확인한다.		[해당인증품의 인증표시의변경] 시행규칙 [별표8] 인증취소등 행정처분기준 및 절차 2.아. 법 제23조 제1항에 따른 인증품의 표시사항 등을 위반하였을 때		

3. 인증심사보고서

3.1. 인증심사보고서 양식

인증심사 보고서(비식용유기가공품)

(1) 신청인

신청인 성명		최초인증일 인 증 번 호	
면접인 성명			
심사원 성명			
심 사 일 자	심사 시작 시각: 20 년 월 일 심사 종료 시각: 20 년 월 일 심사시간:		
신 청 종 류	□ 신규 □ 인증갱신 □ 인증품 유효기간 연장		

1) 친환경축산물 또는 유기식품 등의 인증을 받은 사실이 있는가?
□ 없음 □ 있음(인증번호:)

2) 인증과 관련하여 법 규정(부정행위 금지)을 위반하여 벌금이상의 형을 선고 받은 사실이 있는가?(집행유예 선고를 포함함)
□ 없음 □ 있음(사유:)

3) 인증이 취소되거나 인증표시의 제거・정지 또는 인증품의 판매금지 명령을 받은 사실이 있는가?
□ 없음 □ 있음(인증번호:)

4) 인증을 신청하여 부적합 통보를 받은 사실이 있는지
□ 없음 □ 있음(사유:)

5) 인증 표시정지를 받았거나, 인증을 포기한 사실이 있는지
□ 없음 □ 있음(사유:)

※ "가~마"의 하나라도 **"있음"**에 해당하는 경우, 이와 관련된 구체적 사실을 기재하고 관련서류를 확인하여 첨부

6) 신청인은 비식용유기가공품(유기사료) 인증에 대한 최신의 인증기준을 가지고 있는가?
□ 미 보유 □ 보유(보유수단: 컴퓨터 파일 발효일:2014.10.1)

7) 신청인은 비식용유기가공품(유기사료) 인증에 대한 최신 인증기준을 종합적으로 이해하고 있는가?
☐ 이해함 ☐ 이해하지 못함(분야:)

8) 신청인은 인증기관에 제출한 비식용유기가공품(유기사료) 취급계획서의 사본을 보관하고 있는가?
☐ 미 보관 ☐ 보관(보관방식: 종이문서 일치여부: 일치)

9) 연장신청의 경우 과거인증 후 개선사항이 있는지
☐ 없음 ☐ 있음(개선사항이 있으면 아래 표에 따라 개선 사항을 나열)

개선 사항	개선 사유

(칸이 부족할 경우 별지에 기록)

(2) 신청내역

가. 제조·가공 시설내역

구분	작업장 시설			비고
	소재지	지번	면적(m^2)	

1) 시설의 면적을 확인할 수 있는 자료를 제출하였는가?
☐ 미제출
☐ 제출(서류명: 공장등록증(발급일: 2014/06/01), 건축물대장(발급일: 2014.12.28)
사료제조시설허가증(2014/12/10)

2) 시설은 인증신청 시 제출한 작업장 구조와 용도를 적은 도면과 일치하는가?
☐ 불일치 ☐ 일치
* 불일치한 부분:

나. 인증을 받으려는 제조·가공 품목 내역

품목명	제조·가공 계획량(kg)	원료 산지	전년도 생산량(kg)
소계			

1) 시설은 신청서상의 정보와 일치하는가?

☐ 예 ☐ 아니오(일치하지 않는 사항:

2) 시설의 경계면은 신청인 제출한 "작업장의 경계면을 표시한 지도"와 일치하는가?

☐ 적정 ☐ 부 적정(일치하지 않는 부분 및 오염가능성이 있는 부분 표시)

3) 시설은 신청인이 제출한 "작업장 구조와 용도를 적은 도면"과 일치하는가?

☐ 적정 ☐ 부 적정(일치하지 않는 부분 및 오염가능성이 있는 부분 표시)

4) 제조·가공 계획량이 시설의 제조·가공 능력과 비교하여 적장한가?

☐ 적정 ☐ 부 적정

* 시설의 제조·가공 능력

= 시설별 시간당 제조·가공량 x (가동시간 - 청소 및 준비시간) x 가동 일수

5) 모든 시설 및 설비들을 심사하였는가?

☐ 예 ☐ 아니오

※ 심사하지 못한 설비의 명칭과 이유

6) 작업공정이 **"취급계획서 3.가 제조·가공 및 취급공정"**과 정확한가?

☐ 정확 ☐ 부정확

※ 부정확한 사항과 이유

7) 인증품을 저장, 가공, 포장하기 위해 사용되는 시설들이 같은 장소에 있는가?

☐ 예 ☐ 아니오(다른 장소에 있는 시설은 무엇인가요?

※ 다른 장소에 있는 시설명 및 주소

8) 모든 제품과 원료들이 신청 장소에서 저장 및 취급되는가?

☐ 예 ☐ 아니오

9) 모든 설비 상태가 인증품을 취급하기에 적정한가?

☐ 적정 ☐ 부적정

10) 모든 시설과 장비는 비식용유기가공품 만을 위하여 사용되는가?
☐ 비식용유기가공품에만 사용 ☐ 구분 없이 사용
☐ 기타(자세히 기술)

(3) 가공원료

1) 유기사료 제조에 사용되는 원료와 보조사료는 인증기준에 적합함이 확인되는가?
☐ 예 ☐ 아니오

2) 유전자변형 생물체 및 유전자변형 생물체 유래의 원료가 사용되지 않았는가?
☐ 예 ☐ 아니오

3) 유기사료 제조, 가공에 비허용물질이 사용되지 않았는가?
☐ 예 ☐ 아니오

4) 유기사료의 배합비율은 실제 제품의 배합비율과 일치하는가?
☐ 예 ☐ 아니오

[표] 품목별 제품 수율

품목명	로트당 생산량	원료사용량	제품생산량	수율	폐기품 처리방법

[표] 원료, 보조사료의 허용여부 확인 내역

원료명 보조사료명	배합비율	인증번호	운송방법	구입처	포장재	소독여부	증빙서류

(4) 가공방법

1) 유기사료의 가공방법은 인증기준에 적합한가?
☐ 예 ☐ 아니오

1-1) 가공공정은 취급계획서 3.가의 내용과 일치하는가?

☐ 예 ☐ 아니오

1-2) 가공공정은 취급계획서 3.가의 내용과 일치하는가?

☐ 예 ☐ 아니오

2) 유기사료의 가공과정에서 전리 방사선을 사용하는가?

☐ 예 ☐ 아니오

3) 유기사료의 가공과정에서 추출과정이 있다면 사용하는 인증기준에 적합한 물질을 사용하는가?

☐ 예 ☐ 아니오 ☐ 해당없음

4) 유기사료의 가공과정에서 여과과정은 인증기준에 적합한가?

☐ 예 ☐ 아니오 ☐ 해당없음

(여과방법: 여과망의 종류:)

5) 제조과정에서 스팀이 사용되는가?

☐ 예 ☐ 아니오

5-1) 스팀이 유기사료에 직접 접촉하는가?

☐ 예 ☐ 아니오

5-1-1) 유기사료에 직접 접촉한다면, "먹는물 기준"에 적합한가?

☐ 예 ☐ 아니오

5-1-2) 스팀 보일러에 첨가제가 사용되는가?

☐ 예 ☐ 아니오

* "예"라면 보일러 첨가제에 대한 모든 정보를 적으시오

5-1-3) 유기사료에 보일러 첨가제의 잔류물이 있는지 검사하는가?

☐ 예 ☐ 아니오

[표] 유기사료 제조공정 요약

품명	공정명	설비/기계명	시간당 처리량	유기사료 전용여부	청소 방법 (주기)	소독 방법 (주기)

[표] 첨가물, 보조제 그 밖의 물질에 대한 확인 내역

자재명	사용량	사용목적	제품에 잔류여부	증빙서류

(5) 제조시설 기준

1) 제조시설은「사료관리법 시행규칙」제6의 기준시설에 적합하여 사료제조시설 등록이 되었는가?

□ 예 □ 아니오

* 사료제조시설 등록 내역: 등록관청명: 등록번호:

2) 제조시설의 원료보관시설은 유기사료에 일반사료가 혼합되지 않도록 구분되어 있는가?

□ 유기사료 전용 □ 혼합되지 않도록 구분 □ 혼합가능성 있음

* 혼합되지 않도록 하기 위하여 필요한 조치 사항:

3) 생산라인은 유기사료 전용인가?

□ 예 □ 아니오

3-1) 전용라인이 아니라면 생산라인에 대한 세척(Flushing)은 충분한가?

□ 예 □ 아니오

* 세척 장소 방법, 세척물 처리방법 기술

(6) 해충 및 병원균 관리

1) 해충 및 병원균 관리를 위하여 사용하는 물질은 적합한가?

□ 예 □ 아니오

[표] 해충 및 병원균 관리를 위하여 사용하는 물질의 적합성 검토 내역

물질명	사용시기	사용장소	사용량	사용목적	증빙자료	적합여부

비고) 증빙자료 란에는 □ 공시 또는 품질인증자재(등록번호:), □ 별도제출로 구분

2) 해충 및 병원균 관리를 위하여 방사선 조사 방법이 사용되었는가?

☐ 예 ☐ 아니오

3) 해충 및 병원균을 없애기 위하여 사용하는 방법은 적합한가?

방법	시기	장소	목적	실시자

4) 가축전염병이 발생하여 제조시설이 방역 범위 안에 위치하여 소독을 실시할 경우 소독 약제 및 유기사료를 보호하기 위한 예방조치는 적합한가?

☐ 예 ☐ 아니오

* 예방계획 확인: 유기사료 제조 및 재고가 없는 경우 소독 실시

5) 건물 내외부에 취약이 없는가?

☐ 예 ☐ 아니오

6) 심사를 통하여 유기사료 제조시설에 병해충 발생이 없음을 확인하였는가?

☐ 예 ☐ 아니오

(7) 세척 및 소독

1) 유기사료 제조시설에 세척, 살균 및 소독 물질(합성세제나 소독약 등)이 사용되는가?

☐ 예 ☐ 아니오

물질명	사용시기	사용장소	사용량	사용목적

2) 유기사료 제조시설은 해충, 병원균, 그 밖의 물질로부터 오염되지 않도록 필요한 예방조치가 이루어지고 있는가?

☐ 예 ☐ 아니오

구분	예방조치	실시자	확인방법	확인자

3) 유기사료 제조시설에 세척, 살균 및 소독 물질(합성세제나 소독약 등)이 사용되는 경우 유기사료의 유기적 순수성 훼손 방지 방안은 적합한가?

☐ 예 ☐ 아니오

물질명	사용시기	사용방법	훼손방지 방안	확인방법

(8) 포장

1) 포장재는 유기사료를 충분히 보호하면서 환경에 미치는 영향이 최소화되도록 선정 사용되고 있는가(모든 포장재는 사료 사용 등급인가)?

☐ 예 ☐ 아니오

2) 포장재에 의해 유기사료가 오염되지 않는가?

☐ 예 ☐ 아니오

3) 포장재, 용기, 저장고는 합성살균제, 보존제, 훈증제 등(세제, 농약, 연료, 그 밖의 독성물질 등)으로부터 안전한가?

☐ 예 ☐ 아니오

[표] 포장재에 대한 인증심사 내역

품목명	포장재	포장단위	유해물질 용출여부	재활용여부

4) 유기사료의 저장 구역은 유기농 전용인가?

☐ 예 ☐ 아니오

5) 유기사료의 저장 구역은 뚜렷이 인지되는가?

☐ 예(유기전용 구역 표지 설치) ☐ 아니오

6) 최종 포장은 금지물질로의 오염으로부터 유기사료를 보호하는가?

☐ 예 ☐ 아니오

7) 유기사료에는 비식용유기가공품 인증표지 및 표시사항이 기록되어 있는가?

□ 예 □ 아니오

* 인증표지 및 표시사항 기록 -. 인증번호 -. 생산자 -. 주소 -. 로트번호

8) 유기사료에는 로트번호 및 제조일자가 기록되어 있는가?

□ 예 □ 아니오

(9) 유기원료 및 가공된 제품의 수송 및 운반

1) 원료 및 사료의 수송 방법은 적정한가?

□ 예 □ 아니오

2) 수송 장비 및 운반용기의 세척, 소독을 위하여 허용되지 않은 물질을 사용하지 않는가?

□ 예 □ 아니오

구분	방법	사용하는 도구	사용하는 물질	잔류여부	기록여부

3) 수송 또는 운반과정에서 유기사료가 다른 물질이나 하용되지 않은 물질과 접촉 또는 혼합되지 않도록 확실하게 구분하여 취급되는가?

□ 예 □ 아니오

3-1) 모든 배달원에게 청소되고 비어있는 운송장비를 사용해야 하는 요구사항이 서면으로 전달되었는가?

□ 예 □ 아니오

3-2) 모든 운송장비들이 유기제품을 적재하기 전 오염물질이 없는지 검사되었는가?

□ 예 □ 아니오

3-3) 운송장비 검사에 대한 문서화된 기록이 있는가?

□ 예 □ 아니오

3-4) 유기원료나 제품은 운송 중에 일반 제품으로부터 분리되는가?

□ 예 □ 아니오

4) 유기사료는 벌크 형태로 운반되는가?

□ 예 □ 아니오

4-1) 유기사료의 벌크 운반 차량은 전용인가?

☐ 예 ☐ 아니오

4-1-1) 유기사료의 벌크 차량이 전용이 아니라면 세척 방법은 적합한가?

☐ 예 ☐ 아니오

(10) 기록 문서화 및 접근보장

1) 경영관련 자료는 지속적으로 기록 관리되고 있는가?

☐ 아니오 ☐ 예

자료명	기록 내용	기록주기	기록내용	기록방법	관리자

2) 유기사료 제조에 사용된 원료의 구입, 사용, 재고 내역은 정확한가?

☐ 예 ☐ 아니오

3) 유기사료 제조에 사용된 보조원료의 구입, 사용, 재고 내역은 정확한가?

☐ 예 ☐ 아니오

4) 유기사료 제조에 사용된 가공보조제의 구입, 사용, 재고 내역은 정확한가?

☐ 예 ☐ 아니오

5) 유기사료 제조시설에서 사용하는 소독, 세척제의 구입, 사용, 재고 내역은 정확한가?

☐ 예 ☐ 아니오

6) 유기사료 제조시설에서 사용하는 해충 및 병원균 관리 자재의 구입, 사용, 재고 내역은 정확한가?

☐ 예 ☐ 아니오

7) 유기사료 취급계획 및 관리지침은 유기사료 제조, 가공, 포장, 운반, 수송, 판매, 그밖에 취급에 관한 사항을 모두 담고 있으며, 실행 가능하도록 완벽하게 작성되었는가?

☐ 예 ☐ 아니오

(11) 생산물의 품질관리(사료공정서 별표 13 유기배합사료의 공정 및 일반기준)

1) 유기배합사료는 잔류농약을 「사료관리법」의 유해사료의 범위와 기준에서 정한 허용기준치의 1/10이하 기준에 적합한가?

☐ 적합 ☐ 부적합(항목 결과)

2) 유기배합사료는 중금속 및 곰팡이 독소를 「사료관리법」에서 정한 허용기준치 기준에 적합한가?
☐ 적합 ☐ 부적합(항목 결과)

3) 유기배합사료의 항생제 및 합성항균제가 불검출로 관리되는가?
☐ 적합 ☐ 부적합(항목 결과)

4) 유기배합사료에 GMO 농산물 혼입률이 불검출로 관리되는가?
☐ 적합 ☐ 부적합(항목 결과)

인증심사 결과 보고일자: 2014년 12월 31일

이 보고서에 포함된 정보는 심사원(심사팀), 인증기관, 국립농산물품질관리원의 비밀로 유지됩니다.
이 보고서는 인증의 컨설팅 혹은 선전의 목적으로 이용되지 않습니다.
모든 관찰 및 조사 내용은 **「친환경농어업 육성 및 유기식품 등 인증 및 지원에 관한 법률」**의 인증기준에 기초를 둡니다.
아래 서명함으로써, 위에 지적된 모든 농장 운영에 대하여 인증 신청자와 이해관계가 상충되지 않음을 확인하며, 인증심사가 **「친환경농어업 육성 및 유기식품 등 인증 및 지원에 관한 법률」**에 따른 인증절차에 의해 심사가 진행되었음을 확인합니다.
최종 면접과 증빙 자료 등 모든 자료를 첨부합니다.

☐ 첨부물 목록

번호	첨부물명	비고
1		
2		
3		
4		
5		
6		
7		
8		
9		
10		

심사원
성명: 서명: 일자:
성명: 서명: 일자:

3.2. 인증심사보고서 예시

인증심사 보고서(비식용유기가공품)

(1) 신청인

신청인 성명	유기사료주식회사	최초인증일 인증번호	해당없음
면접인 성명	홍길동		
심사원 성명	전남대		
심 사 일 자	심사 시작 시각: 2014년 12월 30일 09:00 심사 종료 시각: 2014년 12월 30일 21:00 심사시간: 12:00		
신 청 종 류	■ 신규 □ 인증갱신 □ 인증품 유효기간 연장		

1) 친환경축산물 또는 유기식품 등의 인증을 받은 사실이 있는가?

■ 없음 □ 있음(인증번호:)

* 예시) 있음: 2013.1.1 비식용유기가공품 인증 획득(인증번호 **-9-***)

2) 인증과 관련하여 법 규정(부정행위 금지)을 위반하여 벌금이상의 형을 선고 받은 사실이 있는가?(집행유예 선고를 포함함)

■ 없음 □ 있음(사유:)

* 예시) 있음: 2013.1.1 벌금 500만원 선고 받음

3) 인증이 취소되거나 인증표시의 제거•정지 또는 인증품의 판매금지 명령을 받은 사실이 있는가?

■ 없음 □있음(인증번호:)

* 예시) 있음: 2013.1.1 인증품 판매금지 명령 받음

4) 인증을 신청하여 부적합 통보를 받은 사실이 있는지

■없음 □ 있음(사유:)

* 예시) 있음: 2013.1.1 *** 인증기관에 신청하였으나, 원료의 인증품 사용여부 증명부족으로 부족합 통보 받았음

5) 인증 표시정지를 받았거나, 인증을 포기한 사실이 있는지

■ 없음 □ 있음(사유:)

* 예시) 있음: 2013.1.1 *** ooo 사료에서 잔류농약이 검출되어 ##.##.## ~##.##.##의 기간 동안 인증 표지 정지를 처분 받았음

※ "가~마"의 하나라도 **"있음"**에 해당하는 경우, 이와 관련된 구체적 사실을 기재하고 관련서류를 확인하여 첨부

6) 신청인은 비식용유기가공품(유기사료) 인증에 대한 최신의 인증기준을 가지고 있는가?
☐ 미 보유 ■ 보유(보유수단: 컴퓨터 파일 발효일: 2014.10.1)

7) 신청인은 비식용유기가공품(유기사료) 인증에 대한 최신 인증기준을 종합적으로 이해하고 있는가?
■ 이해함 ☐ 이해하지 못함(분야:)
* 예시) 이해함: 신청인에게 유기사료의 인증기준 중 인증표시사항, 가공원료, 제조시설기준에 대하여 질의한 결과 모든 사항에 대하여 명확히 답변함

8) 신청인은 인증기관에 제출한 비식용유기가공품(유기사료) 취급계획서의 사본을 보관하고 있는가?
☐ 미 보관 ■ 보관(보관방식: 종이문서(파일명: 취급계획서) 일치여부: 일치)

9) 연장신청의 경우 과거인증 후 개선사항이 있는지
■ 없음 ☐ 있음(개선사항이 있으면 아래 표에 따라 개선 사항을 나열)

개선 사항	개선 사유
방충망 미설치	해충 유입방지
공장 주변 예초	해충 서식지 제거

(칸이 부족할 경우 별지에 기록)

(2) 신청내역

가. 제조·가공 시설내역

구분	작업장 시설			비고
	소재지	지번	면적(m^2)	
원료창고	전라북도 고창군	고창읍 100번지	1,000	유기농제조시설 알림 표지판이 시설별로 구분 부착되어 있음
가공장	〃	〃	1,000	
제품창고	〃	〃	1,000	
소계	〃	〃	3,000	

1) 시설의 면적을 확인할 수 있는 자료를 제출하였는가?
☐ 미 제출
■ 제출(서류명: 공장등록증(발급일: 2014/06/01), 건축물대장(발급일: 2014.12.28)
사료제조시설허가증(2014/12/10)

2) 시설은 인증신청 시 제출한 작업장 구조와 용도를 적은 도면과 일치하는가?

□ 불일치 ■ 일치

* 불일치한 부분: 원료보관창고 출입문 2개중 동쪽문이 표시되어 있지 않음
제품보관창고의 면적이 30m^2 적음

나. 인증을 받으려는 제조·가공 품목 내역

품목명	제조·가공 계획량(kg)	원료 산지	전년도 생산량(kg)
유기비유초기사료	2,000,000 kg/년	중국/한국	없음
유기고능력우사료	1,000,000 kg/년	중국	없음
소계	3,000,000k g/년		

1) 시설은 신청서상의 정보와 일치하는가?

■ 예 □ 아니오(일치하지 않는 사항: 재고 보관시설이 ***에 추가로 존재함)

2) 시설의 경계면은 신청인 제출한 "작업장의 경계면을 표시한 지도"와 일치하는가?

■ 적정 □ 부 적정(일치하지 않는 부분 및 오염가능성이 있는 부분 표시)

예시) 부적정: 시설의 동쪽면에 *** 폐수처리장이 존재함

3) 시설은 신청인이 제출한 "작업장 구조와 용도를 적은 도면"과 일치하는가?

■ 적정 □ 부 적정(일치하지 않는 부분 및 오염가능성이 있는 부분 표시)

예시) 부적정: 시설의 작업장 천장이 파손되어 우수가 누수됨

4) 제조·가공 계획량이 시설의 제조·가공 능력과 비교하여 적장한가?

■ 적정 □ 부 적정

* 시설의 제조·가공 능력

= 시설별 시간당 제조·가공량 x (가동시간 - 청소 및 준비시간) x 가동 일수
1,000kg/시간 * (10시간/일 -1시간/일) * 25일 = 225,000kg/월

5) 모든 시설 및 설비들을 심사하였는가?

■ 예 □ 아니오

※ 심사하지 못한 설비의 명칭과 이유: 혼합기(수리를 위하여 정비소로 이동함)

6) 작업공정이 **"취급계획서 3.가 제조·가공 및 취급공정"**과 정확한가?

■ 정확 □ 부정확

※ 부정확한 사항과 이유: 비타민 등 일부 원료가 계량되지 않고 임의로 투입됨

7) 인증품을 저장, 가공, 포장하기 위해 사용되는 시설들이 같은 장소에 있는가?

■ 예 □ 아니오(다른 장소에 있는 시설은 무엇인가요?

※ 다른 장소에 있는 시설명 및 주소: 저장창고 **군 **면 **길 **(면적 500m^2)

8) 모든 제품과 원료들이 신청 장소에서 저장 및 취급되는가?

■ 예 □ 아니오(유기옥수수는 ***창고, 유기보리, 유기콩은 *** 창고에 별도 보관중)

9) 모든 설비 상태가 인증품을 취급하기에 적정한가?

■ 적정 □ 부적정(혼합기의 경우 일반제품과 함께 사용하나 플러싱 후에도 일반사료가 잔류하여 유기사료의 유기적 순수성이 훼손됨)

10) 모든 시설과 장비는 비식용유기가공품 만을 위하여 사용되는가?

■ 비식용유기가공품에만 사용 □ 구분 없이 사용

□ 기타(분쇄기, 혼합기, 저장탱크는 유기전용으로 사용되나 펠렛성형기는 구분없이 사용됨)

(3) 가공원료

1) 유기사료 제조에 사용되는 원료와 보조사료는 인증기준에 적합함이 확인되는가?

■ 예 □ 아니오(*** 비타민은 화학물질 함유량이 10%를 초과하여 부적합함)

2) 유전자변형 생물체 및 유전자변형 생물체 유래의 원료가 사용되지 않았는가?

■ 예 □ 아니오(유기옥수수(**-1-**)의 유전자변형 생물체에 대한 증빙이 불충분하여 분석결과 유전자변형 생물체가 검출됨.)

3) 유기사료 제조, 가공에 비허용물질이 사용되지 않았는가?

■ 예 □ 아니오(*** 유기사료에 정제소금이 사용되었음)

4) 유기사료의 배합비율은 실제 제품의 배합비율과 일치하는가?

■ 예 □ 아니오(유기옥수수와 유기보리의 배합비율이 ***% 불일치함)

[표] 품목별 제품 수율

품목명	로트당 생산량	원료사용량	제품생산량	수율	폐기품 처리방법
유기비유초기사료	38 톤	40 톤	38톤	95%	퇴비로 사용
유기고능력우사료	9.5톤	10 톤	9.5톤	95%	퇴비로 사용

[표] 원료, 보조사료의 허용여부 확인 내역

원료명 보조사료명	배합 비율	인증번호	운송방법	구입처	포장재	소독 여부	증빙서류
옥수수	50 %	**-1-**	차량	OO(주)	500kg	건조	인증서
대두	15 %	**-1-*!	〃	OO(주)	〃	건조	
소맥	15 %	**-1-*#	〃	AA(주)	〃	건조	
대맥	19 %	**-1-*$	〃	영농조합법인BB	20kg	건조	
패화석	1 %	**-1-*%	〃	CC	〃	건조	자가성적서

(4) 가공방법

1) 유기사료의 가공방법은 인증기준에 적합한가?

■ 예 □ 아니오(사료 변질 방지를 위하여 비허용물질로 제조된 방부제(***)을 사용하였음)

1-1) 가공공정은 취급계획서 3.가의 내용과 일치하는가?

■ 예 □ 아니오(원료의 쇠성분 이물질 제거를 위한 자석이 존재하지 않음)

1-2) 가공공정은 취급계획서 3.가의 내용과 일치하는가?

■ 예 □ 아니오

2) 유기사료의 가공과정에서 전리 방사선을 사용하는가?

□ 예(2014.12.31에 OOO업체에서 전리방사선을 조사하였음) ■ 아니오

3) 유기사료의 가공과정에서 추출과정이 있다면 사용하는 인증기준에 적합한 물질을 사용하는가?

□ 예(추출에 식초를 사용함) □ 아니오(추출에 유기용매를 사용함) ■ 해당 없음

4) 유기사료의 가공과정에서 여과과정은 인증기준에 적합한가?

□ 예 □ 아니오 ■ 해당 없음

(여과방법: 10mm 메시망 통과 여과망의 종류: 스테인레스, 철망, 석망)

5) 제조과정에서 스팀이 사용되는가?

■ 예(펠렛성형기에 시간당 10㎥의 스팀이 사용됨) □ 아니오

5-1) 스팀이 유기사료에 직접 접촉하는가?

□ 예(펠렛성형기에서 1분간 스팀과 접촉됨) ■ 아니오

5-1-1) 유기사료에 직접 접촉한다면, “먹는물 기준”에 적합한가?

□ 예(상수도를 사용중임, 2014.12.31 검사에서 합격한 지하수를 사용 중) □ 아니오

5-1-2) 스팀 보일러에 첨가제가 사용되는가?

□ 예(000 첨가제를 0.1% 첨가하여 사용중) □ 아니오

* “예”라면 보일러 첨가제에 대한 모든 정보를 적으시오

5-1-3) 유기사료에 보일러 첨가제의 잔류물이 있는지 검사하는가?

□ 예(6개월 주기로 OOO 연구소에 의뢰하여 검사함) □ 아니오

[표] 유기사료 제조공정 요약

품명	공정명	설비/기계명	시간당 처리량	유기사료 전용여부	청소 방법 (주기)	소독 방법 (주기)
유기비유 초기사료	계량	저울	10톤	전용	비질(매일)	해당 없음
	분쇄	함마밀	1톤	전용	비질(매일)	해당 없음
	혼합	리본믹스	2톤	전용	비질(월별)	해당 없음
	선별	메시망	3톤	전용	빗질(월별)	해당 없음
	성형	펠렛머신	2톤	전용	비질(로트별)	해당 없음
	냉각	냉각기	2톤	전용	비질(매일)	해당 없음

품명	공정명	설비/기계명	시간당 처리량	유기사료 전용여부	청소 방법 (주기)	소독 방법 (주기)
유기비유 초기사료	저장	Silo	10톤	전용	비질(월별)	해당 없음
	계량	저울	10톤	전용	비질(매일)	해당 없음
	포장	포장기	10톤	전용	비질(매일)	해당 없음
	라벨	수작업	10톤	전용	비질(매일)	해당 없음

비고) 청소방법의 비질은 비자루나 에어건으로 먼지를 불어낸 후 진공청소기나 쓰레받기를 이용하여 먼지나 잔류물을 제거하는 것을 말함.

[표] 첨가물, 보조제 그 밖의 물질에 대한 확인 내역

자재명	사용량	사용목적	제품에 잔류여부	증빙서류
황산L-라이신	10g	필수아미노산 공급	잔류	품목제조보고서
DL-트립토판	5g	필수아미노산 공급	잔류	품목제조보고서
주정	5g	변질예방	비잔류	품목제조보고서

(5) 제조시설 기준

1) 제조시설은「사료관리법 시행규칙」제6의 기준시설에 적합하여 사료제조시설 등록이 되었는가?

■ 예 □ 아니오

* 사료제조업등록증(등록번호: 6450000-502-2012-0003호, 전라북도지사)

2) 제조시설의 원료보관시설은 유기사료에 일반사료가 혼합되지 않도록 구분되어 있는가?

■ 유기사료 전용 □ 혼합되지 않도록 구분 □ 혼합가능성 있음

* 혼합되지 않도록 하기 위하여 필요한 조치 사항: 원료는 20kg 단위로 포장하여 보관 및 사용하며, 일반원료와의 구분을 위하여 일반은 녹색포장지, 일반은 노랑색포장지를 사용함

3) 생산라인은 유기사료 전용인가?

■ 예 □ 아니오(펠렛성형기를 일반사료와 공용으로 사용함)

3-1) 전용라인이 아니라면 생산라인에 대한 세척(Flushing)은 충분한가?

□ 예 □ 아니오(원료 이송 승강기 하단에 일반사료 잔류물이 발견됨) ■ 해당 없음

* 세척 장소 방법, 세척물 처리방법 기술(노출된 부분은 압축공기 및 비를 이용하며, 기기 내부는 유기원료를 투입하여 세척하며, 세척물은 일반사료로 사용함)

(6) 해충 및 병원균 관리

1) 해충 및 병원균 관리를 위하여 사용하는 물질은 적합한가?

■ 예 □ 아니오(비허용물질인 OOO을 사용함)

[표] 해충 및 병원균 관리를 위하여 사용하는 물질의 적합성 검토 내역

물질명	사용시기	사용장소	사용량	사용목적	증빙자료	적합 여부
제충국오일	매주 1회	출입구 및 공장주변	10ml/회	살충	품목제조보고서 MSDS	적합
님오일	매주 1회	출입구 및 공장주변	10ml/회	살충	품목제조보고서 MSDS	적합
생석회	상시	공장차량 출입구	20kg/회	살균	품목제조보고서 MSDS	적합

2) 해충 및 병원균 관리를 위하여 방사선 조사 방법이 사용되었는가?

□ 예 ■ 아니오

3) 해충 및 병원균을 없애기 위하여 사용하는 방법은 적합한가?

방법	시기	장소	목적	실시자
잡초 제거	매월	공장 주변 초지	서식지 제거	자가
방충망 설치	상시	창문	진입 차단	자가
에어커텐 설치	상시	출입문	진입 차단	자가

4) 가축전염병이 발생하여 제조시설이 방역 범위 안에 위치하여 소독을 실시할 경우 소독 약제 및 유기사료를 보호하기 위한 예방조치는 적합한가?

■ 예(원료 및 완제품을 약제 비투과성 PP 백으로 포장하여 관리함) □ 아니오(원료가 저장창고에 Bulk 형태로 보관되어 비산된 소독약제에 의한 오염가능성이 높음)

* 예방계획 확인: 유기사료 제조 및 재고가 없는 경우 소독 실시

5) 건물 내외부에 쥐약이 없는가?

■ 예 □ 아니오(보관창고 동쪽 바닥 및 북쪽 출입구 양쪽에 설치되어 있음)

6) 심사를 통하여 유기사료 제조시설에 병해충 발생이 없음을 확인하였는가?

■ 예 □ 아니오(창틀 및 창문에 곤충사채가 다량 발견되며, 원료창고 바닥에 변질에 의한 얼룩이 다량 존재하며, 이취가 심함)

(7) 세척 및 소독

1) 유기사료 제조시설에 세척, 살균 및 소독 물질(합성세제나 소독약 등)이 사용되는가?

■ 예 □ 아니오

물질명	사용시기	사용장소	사용량	사용목적
구제솔	연중	공장 정문 차량출입구	1kg/일	구제역, AI차단
스트롱	월2회	건물외부	500g/회	구제역, AI차단

2) 유기사료 제조시설은 해충, 병원균, 그 밖의 물질로부터 오염되지 않도록 필요한 예방조치가 이루어지고 있는가?

■ 예 □ 아니오

구분	예방조치	실시자	확인방법	확인자
해 충	서식지제거 방충망설치 에어커텐 설지	생산팀장	예찰지	공장장
병원균	빗자루질 및 진공청소기 이용	생산팀장	이취 및 육안관찰	공장장
그 밖의 오염물질	오일 등 지정장소 보관	생산팀장	이취 및 육안관찰	공장장

3) 유기사료 제조시설에 세척, 살균 및 소독 물질(합성세제나 소독약 등)이 사용되는 경우 유기사료의 유기적 순수성 훼손 방지 방안은 적합한가?

■ 예 □ 아니오

물질명	사용시기	사용방법	훼손방지 방안	확인방법
구제솔	법적전염병 발생시	차량 진입시 살포	벌크차량 사료 투입구 밀봉	산도 측정
스트롱	법적전염병 발생시	고압분무기로 살포	살포시 창문 및 출입구 닫음	산도 측정

(8) 포장

1) 포장재는 유기사료를 충분히 보호하면서 환경에 미치는 영향이 최소화되도록 선정 사용되고 있는가(모든 포장재는 사료 사용 등급인가)?

■ 예 □ 아니오(2014.12.11 OOO 사료 중 500kg이 멜라민을 담았던 재활용 백에 담겨 판매됨)

2) 포장재에 의해 유기사료가 오염되지 않는가?

■ 예 □ 아니오(대용량 포장지 중 재활용백 중 일부가 노후되어 이물이 발생함)

3) 포장재, 용기, 저장고는 합성살균제, 보존제, 훈증제 등(세제, 농약, 연료, 그 밖의 독성물질 등)으로부터 안전한가?

■ 예 □ 아니오(OO 제품이 일부가 변색되어 추적한 결과 합성농약에 의해 오염됨)

[표] 포장재에 대한 인증심사 내역

품목명	포장재	포장단위	유해물질 용출여부	재활용여부
유기비유초기사료	PP 포대	500 kg	X	X
유기고능력우사료	〃	500 kg	X	X

4) 유기사료의 저장 구역은 유기농 전용인가?

■ 예 □ 아니오(일반사료와 함께 보관되고 있음)

5) 유기사료의 저장 구역은 뚜렷이 인지되는가?

■ 예(유기전용 구역 표지 설치) □ 아니오(표지판 등이 설치되지 않아 인지되지 않음)

6) 최종 포장은 금지물질로의 오염으로부터 유기사료를 보호하는가?

■ 예 □ 아니오(망사형태의 포장지를 사용하여 보호가 되지 않음, 포장지가 쉽게 파손되어 곳곳에 사료가 노출되어 있음)

7) 유기사료에는 비식용유기가공품 인증표지 및 표시사항이 기록되어 있는가?

■ 예 □ 아니오

* 인증표지 및 표시사항 기록 -. 인증번호: **-9-** -. 생산자: 홍길동 -. 주소: 전라북도 고창군 고창읍 100 -. 로트번호: 품목(2자리)-생산월(2자리)/생산일(2자리)-일련번호(3자리)

8) 유기사료에는 로트번호 및 제조일자가 기록되어 있는가?

■ 예(로트번호: OF1-20141231-123, 제조일자: 2014년 12월 31일) □ 아니오

(9) 유기원료 및 가공된 제품의 수송 및 운반

1) 원료 및 사료의 수송 방법은 적정한가?

■ 예(전용차량 및 용기 이용) □ 아니오(일반차량을 청소없이 이용)

2) 수송전용비 및 운반용기의 세척, 소독을 위하여 허용되지 않은 물질을 사용하지 않는가?

■ 예 □ 아니오

구분	방법	사용하는 도구	사용하는 물질	잔류여부	기록여부
세척	물 세척	빗자루	없음	해당 없음	운송장
소독	자연건조	없음	없음	해당 없음	없음. 상차전 육안확인

3) 수송 또는 운반과정에서 유기사료가 다른 물질이나 하용되지 않은 물질과 접촉 또는 혼합되지 않도록 확실하게 구분하여 취급되는가?

■ 예 □ 아니오(일반사료와 유기사료를 구분없이 혼적하여 운송)

3-1) 모든 배달원에게 청소되고 비어있는 운송장비를 사용해야 하는 요구사항이 서면으로 전달되었는가?

□ 예(운송장에 준수사항 기록되어 있으며 서명 날인되어 있음) □ 아니오

3-2) 모든 운송장비들이 유기제품을 적재하기 전 오염물질이 없는지 검사되었는가?

□ 예(송장에 오염물질 검사란이 있으며 서명날인되어 있음) □ 아니오

3-3) 운송장비 검사에 대한 문서화된 기록이 있는가?

☐ 예(장비 검사 일보가 매일 기록되어 있음, 문서번호 **-**-**) ☐ 아니오

3-4) 유기원료나 제품은 운송 중에 일반 제품으로부터 분리되는가?

☐ 예(전용차량을 이용하거나 적재 칸이 구분된 차량을 이용함) ☐ 아니오

4) 유기사료는 벌크 형태로 운반되는가?

■ 예(벌크운반차량을 이용함) ☐ 아니오(25kg 단위의 지대포장하여 일반차량을 이용함)

4-1) 유기사료의 벌크 운반 차량은 전용인가?

■ 예 ☐ 아니오(OOO 회사의 ** 제품과 교대로 이용함)

4-1-1) 유기사료의 벌크 차량이 전용이 아니라면 세척 방법은 적합한가?

☐ 예 ☐ 아니오(세척이후 육안검사결과 이송라인 및 차량 바닥에 일반사료가 잔류함)

(10) 기록 문서화 및 접근보장

1) 경영관련 자료는 지속적으로 기록 관리되고 있는가?

■ 예 ☐ 아니오

자료명	기록 내용	기록주기	기록방법	관리자
원료수불부	원료별 입고량, 출고량, 재고량	매일	전산	관리팀장
제품수불부	완제품 입고량, 출고량, 재고량	매일	전산	생산팀장
생산일보	품목별 생산량, 원료사용량	매일	전산/ 종이	생산팀장
판매일보	품목별 판매량, 판매처	매일	전산/종이	영업팀장
송장	차량번호, 배송품목, 배송량		전산/종이	물류팀장

2) 유기사료 제조에 사용된 원료의 구입, 사용, 재고 내역은 정확한가?

■ 예 ☐ 아니오(유기옥수수의 구입량-사용량과 재고량이 500kg 다름)

3) 유기사료 제조에 사용된 보조원료의 구입, 사용, 재고 내역은 정확한가?

■ 예 ☐ 아니오(DL-메치오닌 구입량-사용량과 재고량이 50kg 다름)

4) 유기사료 제조에 사용된 가공보조제의 구입, 사용, 재고 내역은 정확한가?

■ 예 ☐ 아니오(추출에 사용되는 식초의 구입량-사용량과 재고량이 100L 다름)

5) 유기사료 제조시설에서 사용하는 소독, 세척제의 구입, 사용, 재고 내역은 정확한가?

■ 예 ☐ 아니오(소독에 사용되는 알코올의 구입량-사용량과 재고량이 20L 다름)

6) 유기사료 제조시설에서 사용하는 해충 및 병원균 관리 자재의 구입, 사용, 재고 내역은 정확한가?

■ 예 ☐ 아니오(해충 방제에 사용되는 제충국오일의 구입량-사용량과 재고량이 20L 다름)

7) 유기사료 취급계획 및 관리지침은 유기사료 제조, 가공, 포장, 운반, 수송, 판매, 그밖에 취급에 관한

사항을 모두 담고 있으며, 실행 가능하도록 완벽하게 작성되었는가?

■ 예 □ 아니오(관리지침에 운반에 관한 규정이 기술되어 있지 않음)

(11) 생산물의 품질관리(별표 10 유기배합사료의 공정 및 일반기준)

1) 유기배합사료는 잔류농약을 **'사료 등의 기준 및 규격 별표 16 사료 내 유해물질의 범위 및 허용기준 3. 관리대상 주요 잔류농약'**에서 정한 허용기준치의 1/10이하 기준에 적합한가?

■ 적합 □ 부적합(항목 다이아지논 결과 10ppm)

2) 유기배합사료는 중금속 및 곰팡이 독소를 **'사료 등의 기준 및 규격 별표 16 사료 내 유해물질의 범위 및 허용기준 1. 관리대상 주요 중금속 및 2.관리대상 주요 곰팡이 독소**에서 정한 허용기준치 기준에 적합한가?

■ 적합 □ 부적합(항목 아플라톡신 결과 100ppb)

3) 유기배합사료의 항생제 및 합성항균제가 불검출로 관리되는가?

■ 적합 □ 부적합(항목 세팔렉신 결과 10ppb)

4) 유기배합사료에 GMO 농산물 혼입률이 불검출(비의도적 혼입 허용치 제외)로 관리되는가?

■ 적합 □ 부적합(항목 GMO 옥수수 결과 1.0% 검출)

인증심사 결과 보고일자: 2014년 12월 31일

이 보고서에 포함된 정보는 심사원(심사팀), 인증기관, 국립농산물품질관리원의 비밀로 유지됩니다.

이 보고서는 인증의 컨설팅 혹은 선전의 목적으로 이용되지 않습니다.

모든 관찰 및 조사 내용은 **「친환경농어업 육성 및 유기식품 등 인증 및 지원에 관한 법률」**의 인증기준에 기초를 둡니다.

아래 서명함으로써, 위에 지적된 모든 농장 운영에 대하여 인증 신청자와 이해관계가 상충되지 않음을 확인하며, 인증심사가 **「친환경농어업 육성 및 유기식품 등 인증 및 지원에 관한 법률」**에 따른 인증절차에 의해 심사가 진행되었음을 확인합니다.

최종 면접과 증빙 자료 등 모든 자료를 첨부합니다.

■ 첨부물 목록

번호	첨부물명	비고
1	최종면담	
2	공장허가증 사본	
3	사료제조업등록증 사본	
4	유기사료 원료인증서 사본	

번호	첨부물명	비고
5	원료수불부 및 구입증빙서류(B/L, 상업송장 등) 사본	
6	제품수불부(거래명세서 등) 사본	
7	제품 배합비율표	영업기밀사항 포함
8	인증 표지 견본	
9	포장지 견본	
10	유기취급계획	확인 후 반환

심사원

성명: 유기농　　서명: *유기농*　　일자: 2015.01.03

4. 인증심사 점검목록

4.1. 신청서류

점검목록	점검요령
신청서류가 모두 제출되었는가?	- 신청서(제조·가공 또는 취급자용), 인증품 제조·가공 및 취급계획서, 경영관련 자료, 사업장의 경계면을 표시한 지도, 작업장의 구조와 용도를 적은 도면, 사료제조업등록증, 성분등록증, 유기취급계획서 및 취급계획서 등 모든 신청서류가 구비되어 있는지 여부
신청서는 완벽하게 작성되었는가?	- 각 기재사항이 빠짐없이 모두 기재되어 있는지 여부와 기재되어 있는 내용이 비식용유기가공품 인증기준에 적합한지 여부 - 다른 신청인의 자료를 필사하는 등 사실과 다르게 작성한 자료인지 여부 - 기타 현장 심사 시 확인이 필요한 사항의 점검 가능 여부

4.2. 일반요건

점검목록	점검요령
유기취급 계획	- 유기 취급 계획의 구성 - 유기사료의 제조, 가공, 유통과정
사업자의 생산물	- 사업장에서 생산되는 모든 유기 및 비유기 제품 현황 및 계획
유기생산물의 오염 방지 대책	- 오염원의 위치 및 종류 - 오염원별 방지 및 제거 대책 - 오염된 제품에 대한 처리방안

4.3. 가공원료

점검목록	점검요령
원료 및 보조사료 금지물질	- 성분등록증, 배합비율표, 작업지시서의 일치여부 - 원료의 종료 및 인증증빙서류 - 원산지증명서, 상업송장, B/L - 원료수불부와 입고서류
유전자변경 생물체	- 원료별 구분유통증명서, 국가증명서, 검사성적 존재여부

4.4. 가공방법

점검목록	점검요령
유기사료의 가공 방법	- 신청한 품목별 가공방법 - 가공시 사용되는 첨가물, 보조제, 그 밖의 물질의 유무 및 종류
전리방사선	- 전리방사선 사용여부 - 전리방사선이 조사된 원료 물질
추출 공정	- 추출공정의 유무 - 용매의 종류 및 방법
여과 공정	- 여과공정의 유무 - 여과망의 재질

4.5. 제조시설 기준

점검목록	점검요령
제조시설 기준	- 사료제조업등록증 발급일 및 유효여부
저장시설	- 작업장의 구조와 용도를 적은 도면 - 저장시설 표지판 - 저장시 포장 여부 및 재질 - 원료수불부상의 저장량과 재고량의 일치여부 - 원료의 이동 동선
생산라인	- 생산라인의 수와 생산능력 - 생산라인별 제조 품목 - 일반사료 병행생산 여부 - 병행생산 시 세척관리 방법 및 검증방법 - 세척 기록 관리 - 세척제품의 처리 방법

4.6. 해충 및 병원균 관리

점검목록	점검요령
해충 방제 방법	- 해충 방제 대행업체 계약서/방제실적보고서 - 해충 방제 도구의 종류, 세척방법, 보관장소 - 폐품처리 방법 - 해충 방제 물질의 종류 및 증빙서류, 보관장소 및 빈용기 처리 방법 - 해충 방제 작업 기록물 - 구서 방법, 도구, 약제의 종류 및 보관방법

점검목록	점검요령
해충 및 병원균 예방적 방법	- 실천하고 있는 기계적, 물리적, 생물학적 예방방법(방충등, 에어커튼, 실내공기압 증대, 창문 폐쇄, 출입구에 방충망설치, 트랩설치, 자갈돌 해자설치, 서식지 제거 등) - 예찰지 설치 여부, 개수, 확인 및 교체주기 - 예찰되는 해충 및 병원균의 종류 및 양에 관한 보고서
유기사료 오염 예방 조치	- 방제 실시일에 원료수불부상의 원료별 재고량 및 완제품수불부상의 완제품 재고량 - 방제실시일의 작업기록일지의 내역 - 약품의 잔류기간 - 원료 및 제품 보관 시 포장여부 - 원료 및 제품 운반시설에 대한 물질 사용여부 및 사용 후 제거방법

4.7. 세척 및 소독

점검목록	점검요령
세척, 살균, 소독 물질	- 세척, 살균, 소독 담당자의 인증기준 인지여부 - 사용하는 물질의 종류, 사용시기, 사용량 - 사용한 물질의 잔류여부 제거방법 및 잔류여부 판단 방법 - 사용하는 물질의 수매, 사용, 재고에 대한 기록 및 재고 일치여부 - 사용하는 물질의 보관방법 및 보관장소의 청결도
세척제 및 소독제 제거방법	- 시설 및 장비에 대한 소독 후 잔류여부 - 잔류할 경우 제거방법 - 잔류할 경우 첫 생산품(오염제품)의 양 및 처리방법

4.8. 포장

점검목록	점검요령
포장재	- 품목별 포장 방법 및 포장재 - 포장재별 크기, 재질 및 구입처 - 포장재에 대한 위해물질용출성적서 - 포장재에 보관장소 - 포장재 보관시 문제점(쥐에 의한 파손, 햇빛에 의한 변색 등) 및 대응방안 - 재활용 여부 - 포장재 수불부 기록 여부, 항목 및 재고량의 일치여부

4.9. 유기원료 및 가공된 사료의 수송 및 운반

점검목록	점검요령
수송 방법	- 완제품 수불부 및 출하대장 - 제품소장, 거래명세서, 판매처 - 차량 규격 및 적재량 - 원료 및 제품의 혼적여부 - 수송시 포장여부 및 상하차 방법 - 운반 및 수송 장비의 청소, 소독 방법 - 벌크차량 이용 시 취급하는 제품의 종류 - 벌크차량이 유기사료 전용이 아닐 경우 세척의 방법 및 세척 후 잔류물 확인방법 - 세척 잔류물 처리 내역

4.10. 기록 · 문서화 및 접근보장

점검목록	점검요령
기록, 문서화	- 문서의 종류별 기록방법, 기록자, 확인자, 기록주기, 보관방법 조사 - 인증기관의 장의 승인을 받은 유기취급계획(유기적 관리지침)의 존재여부
문서의 내용	- 모든 원료, 보조사료, 가공보조제, 세척제, 그 밖의 사용자재 - 구매, 입고, 출고, 사용에 관한 기록
접근 보장	- 인증심사 및 사후관리 시 모든 기록 및 관련 현장에 조건 없는 접근 의무 고지

첨부 1. 사료제조업등록증(사료관리법 시행규칙 [별지 제2호서식])

(앞쪽)

등록번호 제 호

(　　　　) 사료제조업등록증

성 명 : 　　　　생년월일 :
법인등록번호 :

제 조 업 체 명 :

소 재 지 :

생산사료 종류 :

생산능력(1일 생산량):

등 록 조 건 : 뒤쪽 참조

「사료관리법」 제8조제1항 및 같은 법 시행규칙 제5조제2항에 따라 위와 같이 (　　　)사료 제조업의 등록을 하였음을 증명합니다.

년 월 일

특별시장
광역시장
도지사
특별자치도지사

직인

210㎜×297㎜[백상지 120g/㎡]

첨부 2. 배합사료제조업의 시설기준(사료관리법 시행규칙 [별표1])

구 분	시 설 별	시 설 기 준
1. 양축용 배합사료(프리믹스용 배합사료를 포함한다)	가. 공장건물	내화성 건물로서 제품생산에 지장이 없을 것
	나. 저장시설	1) 주원료와 부원료를 저장할 수 있는 저장설비를 갖출 것 2) 생산된 제품을 저장할 수 있는 저장설비를 갖출 것
	다. 분쇄시설	분쇄할 수 있는 설비를 갖출 것
	라. 배합시	주 배합기와 예비 배합기를 각각 설치하되, 생산능력에 지장이 없을 정도의 설비일 것
	마. 계량시설	각 원료 및 제품을 계량할 수 있는 계량기를 각각 갖출 것
	바. 정선시설	제조 과정에서 쇠붙이와 이물질을 제거할 수 있는 제철 및 정선설비를 갖출 것
	사. 먼지제거시설	제조 과정에서 생기는 먼지를 제거할 수 있는 장치를 「대기환경보전법」에 따라 갖출 것
	아. 포장시설	제품 단위별로 봉합할 수 있는 반자동 이상의 봉합설비를 갖출 것. 다만, 산물만을 생산하는 경우에는 그러하지 아니하다.
	자. 수송장치	모든 원료 및 제품을 수송할 수 있는 동력운송장치를 갖출 것
	차. 작업공장	일관작업(一貫作業)을 할 수 있는 반자동 또는 완전자동 설비일 것
2. 대용유용 배합사료	가. 공장건물 나. 저장시설 다. 배합시설 라. 계량시설 마. 정선시설 바. 먼지제거시설 사. 포장시설	양축용 배합사료의 시설기준과 같음
	아. 분쇄시설	곡물 분쇄설비를 갖출 것
3. 반추동물용 섬유질 배합사료	가. 공장건물	내화성 건물로서 제품생산에 적합할 것
	나. 저장시설	원료와 제품을 저장할 수 있는 저장설비를 갖출 것
	다. 혼합시설	원료를 적절히 혼합할 수 있는 설비를 갖추되, 그 공정은 동력에 의할 것
	라. 계량시설	제품을 정확하게 계량할 수 있는 설비를 갖출 것
	마. 포장시설	제품을 포장할 수 있는 설비를 갖출 것
	바. 수송장치	모든 원료 및 제품을 수송할 수 있는 동력운송장치를 갖출 것
4. 그 밖의 동물·어류용 배합사료	가. 공장건물 나. 저장시설 다. 배합시설 라. 계량시설 마. 정선시설 바. 포장시설	양축용 배합사료의 시설기준과 같음
	사. 분쇄시설	분쇄할 수 있는 설비를 갖출 것

※ 비고

1) 삭제<2015.1.2>
2) 양축용 배합사료제조업자가 판매용 프리믹스용 배합사료를 제조할 경우에는 양축용 배합사료제조시설과 구획하여 설치하여야 하고, 저장시설 · 배합시설 · 계량시설 · 정선시설 · 먼지제거시설 · 포장시설 · 수송장치를 따로 갖추어야 한다.
3) 배합사료제조업자는 제조공정 또는 포장방법의 특성상 일부 시설이 불필요한 경우에는 시 · 도지사의 승인을 받아 일부시설을 갖추지 않을 수 있다.

첨부 3. 보조사료제조업의 시설기준(사료관리법 시행규칙 [별표 2])

시 설 별	시 설 기 준
가. 공장건물	내화성 건물로서 제품 생산에 지장이 없을 것
나. 저장시설	1) 원료를 저장할 수 있는 저장 설비를 갖출 것 2) 생산된 제품을 저장할 수 있는 저장 설비를 갖출 것 3) 원료와 부형제(賦形劑)를 구분하여 저장하는 설비를 갖출 것
다. 분쇄 및 혼합시설	제품생산에 지장이 없을 정도의 설비를 갖출 것
라. 배양시설	미생물 배양에 적합한 설비를 갖출 것 (미생물을 이용하는 사료만 해당한다)
마. 계량시설	원료와 제품을 계량할 수 있는 계량기를 갖출 것
바. 포장시설	제품을 포장할 수 있는 설비를 갖출 것

※ 비고

1) 요소제는 「비료관리법」에 따른 시설기준으로 갈음한다.
2) 보조사료 제조업자는 제조공정 또는 포장방법의 특성상 일부 시설이 불필요한 경우에는 시 · 도지사의 승인을 받아 일부 시설을 갖추지 아니 하거나 같은 공장에서 2 이상의 보조사료를 생산할 경우에는 시설을 공통으로 사용할 수 있다.

첨부 4. 단미사료제조업의 시설기준(사료관리법 시행규칙 [별표 3])

<table>
<tr><th>구분</th><th>사료종류</th><th>시설별</th><th>시설기준</th></tr>
<tr><td rowspan="21">식물성</td><td>1. 곡류 및 강피류(糠皮類)</td><td colspan="2">「양곡관리법」에 따른 시설기준에 따름</td></tr>
<tr><td>2. 식물성 박류(植物性 粕類)</td><td colspan="2">「식품위생법」, 「양곡관리법」 및 「주세법」에 따른 시설기준에 따름</td></tr>
<tr><td>3. 농축단백질</td><td colspan="2">「식품위생법」에 따른 시설기준에 따름</td></tr>
<tr><td>4. 서류(薯類)</td><td colspan="2">「식품위생법」에 따른 시설기준에 따름</td></tr>
<tr><td>5. 당밀, 원당, 파당</td><td colspan="2">「식품위생법」의 시설기준에 따름(파당을 이용하여 제조하는 경우에는 저장시설 · 수송장치 · 혼합시설 및 정제시설 등 제품 생산에 적합한 시설을 갖추어야 함)</td></tr>
<tr><td rowspan="9">6. 제과 · 제빵 · 제면의 부산물</td><td>가. 공장건물</td><td>내화성 건물로서 제품 생산에 적합할 것</td></tr>
<tr><td>나. 저장시설</td><td>원료와 제품을 저장할 수 있는 저장설비를 갖출 것</td></tr>
<tr><td>다. 계량시설</td><td>제품을 정확하게 계량할 수 있는 설비를 갖출 것</td></tr>
<tr><td>라. 포장시설</td><td>제품을 포장할 수 있는 설비를 갖출 것</td></tr>
<tr><td>마. 수송장치*</td><td>모든 원료 및 제품을 수송할 수 있는 동력운송장치를 갖출 것</td></tr>
<tr><td>바. 건조시설*</td><td>생산능력에 적합한 건조설비를 갖출 것</td></tr>
<tr><td>사. 분쇄시설*</td><td>생산능력에 적합한 분쇄설비를 갖출 것</td></tr>
<tr><td>아. 혼합시설*</td><td>원료를 적절히 혼합할 수 있는 설비를 갖추되, 그 공정은 동력에 의할 것</td></tr>
<tr><td>자. 먼지제거 시설</td><td>제조 과정에서 발생하는 먼지를 제거할 수 있는 시설을 「대기환경보전법」에 따라 갖출 것</td></tr>
<tr><td rowspan="3">7. 아미노산 발효부산물 및 조미료부산물</td><td>가. 공장건물
나. 저장시설
다. 계량시설
라. 포장시설
마. 수송장치</td><td>제6호의 시설기준과 같음</td></tr>
<tr><td>바. 악취제거 시설</td><td>제조 과정에서 발생하는 악취를 없앨 수 있는 설비를 「악취방지법」에 따라 갖출 것</td></tr>
<tr><td>사. 정수시설</td><td>제조 과정에서 발생하는 오수를 정수하여 배수할 수 있는 설비를 「하수도법」에 따라 갖출 것</td></tr>
</table>

구분	사료종류	시설별	시설기준
식물성	8. 콩류가공부산물 (비지 포함)	가. 공장건물 나. 저장시설 다. 계량시설 라. 포장시설 마. 수송장치* 바. 건조시설* 사. 분쇄시설	제6호의 시설기준과 같음
	9. 기타 식품가공부산물류	가. 공장건물 나. 저장시설 다. 계량시설 라. 포장시설 마. 수송장치 바. 분쇄시설* 사. 먼지제거시설*	제6호의 시설기준과 같음
	10. 조류(藻類)	가. 공장건물 나. 저장시설 다. 계량시설 라. 포장시설 마. 수송장치* 바. 건조시설* 사. 분쇄시설* 아. 혼합시설	제6호의 시설기준과 같음
	11. 섬유질사료	가. 공장건물 나. 저장시설 다. 계량시설 라. 포장시설 마. 수송장치 바. 혼합시설*	제6호의 시설기준과 같음
	12. 섬유질가공사료	가. 공장건물 나. 저장시설 다. 계량시설 라. 포장시설 마. 수송장치 바. 혼합시설	제6호의 시설기준과 같음

구분	사료종류	시설별	시설기준
식물성	13. 섬유질발효사료	가. 공장건물 나. 계량시설	제6호의 시설기준과 같음
		다. 포장시설 라. 수송장치 마. 혼합시설	
		바. 저장시설	1) 원료와 제품을 저장할 수 있는 저장설비를 갖출 것 2) 탈수한 전분박(澱粉粕)의 저장설비에는 뚜껑을 갖출 것
		사. 탈수시설*	생산능력에 알맞은 탈수시설을 할 것
	14. 제약부산물류	가. 공장건물 나. 저장시설 다. 계량시설 라. 포장시설 마. 수송장치*	제6호의 시설기준과 같음
		바. 악취제거 시설* 사. 정수시설*	제7호의 시설기준과 같음
	15. 식물성유지류	「식품위생법」에 따른 시설기준에 따름	
	16. 전분류	가. 공장건물	내화성 건물로서 제품 생산에 적합할 것
		나. 저장시설	1) 원료를 저장할 수 있는 실내 저장설비를 갖출 것 2) 생산된 제품을 저장할 수 있는 실내 저장설비를 갖출 것 3) 생산공정 중에 필요한 중간원료와 부형제(浮衡劑)를 구분하여 저장하는 설비를 갖추되, 제품 생산에 적합한 저장능력을 설비를 갖출 것
		다. 계량시설	일정 단위로 포장할 수 있는 계량시설을 갖추되, 생산능력에 적합한 설비를 갖출 것
		라. 포장시설	수요자의 요구에 따라 적정량 단위의 포장을 할 수 있는 설비를 갖추되, 제품 생산에 적합한 설비를 갖출 것
		마. 정수처리 시설*	전분을 물과 혼합하여 정제수를 만들 수 있는 설비를 갖추되, 원료투입 및 제품 생산에 적합한 설비를 갖출 것

구분	사료종류	시설별	시설기준
식물성	16. 전분류	바. 용해 및 여과시설	전분을 물과 혼합하여 전분유액을 만들 수 있는 설비와 전분유액을 여과할 수 있는 설비를 갖출 것
		사. 알파화시설	전분유액을 알파화시킬 수 있는 건조기설비와 이를 순간적으로 건조할 수 있는 스팀공급설비를 갖출 것
		아. 분쇄 및 체별시설	수요자가 요구하는 평균 입도(粒度)에 맞게 분쇄·체별할 수 있는 설비를 갖추되, 생산능력에 적합한 설비를 갖출 것
	17. 콩류, 견과종실류, 과실류, 채소류, 버섯류, 기타 식물류	가. 공장건물 나. 저장시설 다. 계량시설 라. 포장시설 마. 수송장치* 바. 분쇄시설* 사. 먼지제거 시설*	제6호의 시설기준과 같음
동물성	18. 도축 및 가금도축부산물, 수지박(우지박, 돈지박을 포함한다), 육가공부산물, 육분, 육골분, 육즙흡착사료, 혈분(혈액을 이용한 가공품을 포함한다)	가. 공장건물 나. 저장시설 다. 계량시설 라. 포장시설 마. 삶는시설 바. 압착시설 사. 고형분리 시설* 아. 유수분리 시설* 자. 건조시설 차. 분쇄시설 카. 먼지제거 시설 타. 악취제거 시설 파. 정수시설	제21호의 시설기준과 같음. 다만, 삶는 시설은 육골분의 경우 140℃에서 1시간 이상, 혈분의 경우 135℃에서 10분간 가열할 수 있는 설비를 갖출 것
	19. 동물성단백질 혼합사료	혼합한 각각의 동물성단백질 시설기준을 갖추고, 제18호, 제20호, 제21호, 제23호의 제조시설 외에 동물성단백질 혼합사료를 제조하기 위한 혼합시설을 갖출 것	

구분	사료종류	시설별	시설기준
동물성	20. 모발분, 우모분, 제각분	가. 공장건물 나. 저장시설 다. 계량시설 라. 압착시설 마. 고형분리시설* 바. 건조시설 사. 분쇄시설 아. 먼지제거시설 자. 악취제거시설 차. 정수시설	제21호의 시설기준과 같음
		타. 삶는시설	소화율을 향상시킬 수 있는 삶는 설비를 생산능력에 적합하게 갖출 것
	21. 새우분, 어류의 가공품 및 부산물, 어분, 어즙흡착사료	가. 공장건물 나. 저장시설 다. 계량시설 라. 포장시설 마. 건조시설 바. 분쇄시설* 사. 먼지제거시설	제6호의 시설기준과 같음
		아. 삶는시설	고열 수증기로 원료를 삶을 수 있는 설비를 갖출 것
		자. 압착시설	삶은 원료를 압착할 수 있는 동력설비를 갖출 것
		차. 고형분리시설	압착 과정에서 흘러나온 용액에서 고형 물질인 침전물(어육 등)을 분리할 수 있는 설비를 갖출 것
		카. 유수분리시설	고형 분리를 거친 용액에서 기름과 물을 분리하는 설비를 갖출 것
		타. 농축시설*	고형 분리과정과 유수 분리 과정에서 분리된 용액을 농축할 수 있는 설비를 갖출 것(어즙흡착사료를 제조하는 경우에만 해당한다)
		파. 악취제거시설 하. 정수시설	제7호의 시설기준과 같음
		※ 어선에 대한 특례: 제조시설이 어선에 설치되어 있는 경우 시·도지사는 가목, 바목, 사목, 카목, 타목, 파목 시설 중 일부를 면제할 수 있다.	

구분	사료종류	시설별	시설기준
동물성	22. 유도단백질(가수분해·효소처리 등을 한 것을 포함)	가. 공장건물 나. 저장시설 다. 계량시설 라. 포장시설 마. 삶는시설 바. 압착시설* 사. 고형분리시설* 아. 유수분리시설* 자. 건조시설 차. 분쇄시설 카. 먼지제거시설 타. 악취제거시설	제21호의 시설기준과 같음
		파. 가수분해시설	소화율을 향상시킬 수 있는 가수분해설비를 생산능력에 적합하게 갖출 것
	23. 피혁가공분말	가. 공장건물 나. 저장시설 다. 계량시설 라. 건조시설 마. 분쇄시설 바. 먼지제거시설 사. 악취제거시설 아. 정수시설	제21호의 시설기준과 같음
		차. 가수분해시설	크롬 등 불순물을 제거하고 소화율을 향상시킬 수 있는 가수분해설비를 갖출 것
	24. 기타 동물성단백질류	가. 공장건물 나. 저장시설 다. 계량시설 라. 삶는시설 마. 압착시설* 바. 고형분리시설* 사. 유수분리시설* 아. 농축시설* 자. 건조시설 차. 분쇄시설* 카. 먼지제거시설* 타. 악취제거시설* 파. 정수시설*	제21호의 시설기준과 같음

구분	사료종류	시설별	시설기준
동물성	24. 기타 동물성단백질류	하. 혼합시설*	제6호의 시설기준과 같음
		거. 가수분해 시설*	소화율을 향상시킬 수 있는 가수분해설비를 생산능력에 적합하게 갖출 것
		너. 냉동 · 냉장 및 가열 처리시설*	온도계 또는 온도를 측정할 수 있는 계기를 설치하여야 하며, 적정온도가 유지관리되는 설비를 갖출 것
	25. 골분, 골회, 어골분, 어골회, 패분	가. 공장건물 나. 저장시설 다. 계량시설 라. 포장시설 마. 건조시설 바. 분쇄시설 사. 먼지제거 시설 아. 악취제거 시설 자. 정수시설	제21호의 시설기준과 같음
	26. 동물성 유지류	가. 공장건물 나. 저장시설 다. 계량시설 라. 포장시설 마. 삶는시설 바. 압착시설 사. 고형분리 시설* 아. 유수분리 시설* 자. 건조시설 차. 분쇄시설 카. 먼지제거 시설 타. 악취제거 시설 파. 정수시설	제18호의 시설기준과 같음
		하. 분리시설	폴리에틸렌 및 폴리프로필렌을 분리할 수 있는 설비를 갖출 것

<table>
<tr><th>구분</th><th>사료종류</th><th>시설별</th><th>시설기준</th></tr>
<tr><td rowspan="5">동
물
성</td><td>27. 곤충류</td><td>가. 공장건물
나. 저장시설
다. 계량시설
라. 포장시설
마. 혼합시설*</td><td>제6호의 시설기준과 같음</td></tr>
<tr><td rowspan="3">28. 플랑크톤류,
단세포단백질</td><td>가. 공장건물
나. 저장시설
다. 계량시설
라. 포장시설
마. 혼합시설*</td><td>제6호의 시설기준과 같음</td></tr>
<tr><td>바. 발효 · 배양 시설*</td><td>생산능력에 적합한 발효 · 배양시설을 갖출 것</td></tr>
<tr><td colspan="2">※ 「식품위생법」 또는 「주세법」에 따른 시설기준 및 환경 관련 법규에 따른 공해방지 또는 폐기물의 재활용시설을 갖출 경우 해당 규정의 기준에 따른 시설로 갈음할 수 있음</td></tr>
<tr><td>29. 낙농가공부산물류</td><td>가. 공장건물
나. 저장시설
다. 계량시설
라. 포장시설
마. 건조시설*
바. 분쇄시설*
사. 먼지제거 시설*
아. 악취제거 시설*
자. 정수시설*</td><td>제21호의 시설기준과 같음</td></tr>
<tr><td rowspan="2">광
물
성</td><td>30. 식염류</td><td colspan="2">「소금산업 진흥법」에 따른 시설기준에 준함</td></tr>
<tr><td>31. 인산염류, 칼슘염류 및 광물질류과의 합제</td><td>가. 공장건물
나. 저장시설
다. 계량시설
라. 포장시설
마. 건조시설
바. 분쇄시설
사. 먼지제거 시설</td><td>제6호의 시설기준과 같음</td></tr>
</table>

<table>
<tr><th>구분</th><th>사료종류</th><th>시설별</th><th>시설기준</th></tr>
<tr><td rowspan="5">광
물
성</td><td rowspan="3">31. 인산염류, 칼슘염류 및 광물질류과의 합제</td><td>아. 정선시설*</td><td>불순물을 제거할 수 있는 정선설비를 갖출 것</td></tr>
<tr><td>자. 탈불시설 (인산염류를 포함하지 않는 경우는 제외한다.)</td><td>불소를 제거할 수 있는 설비를 갖출 것. 다만, 원료의 탈불인산공급계약서로 대체할 경우에는 면제할 수 있다.</td></tr>
<tr><td>차. 불소정화시설*</td><td>탈불(脫弗) 과정에서 발생한 불소를 제거할 수 있는 설비를 갖출 것. 다만, 탈불시설을 원료의 탈불인산공급계약서로 대체할 경우에는 그러하지 아니하다.</td></tr>
<tr><td rowspan="2">32. 광물질류 및 그 합제(인산염류 및 칼슘염류 및 인산염류 또는 칼슘염류와 광물질류과의 합제 제외)</td><td>가. 공장건물
나. 저장시설
다. 계량시설
라. 포장시설
마. 건조시설
바. 분쇄시설
사. 먼지제거시설</td><td>제6호의 시설기준과 같음</td></tr>
<tr><td>아. 농축시설
자. 용해시설
차. 여과시설
카. 결정세척시설
타. 소성시설</td><td>생산능력에 적합한 시설을 갖출 것</td></tr>
<tr><td rowspan="2">기
타</td><td>33. 기타 유지류</td><td colspan="2">제18호의 시설기준과 같으며, 폴리에틸렌 및 폴리프로필렌을 분리할 수 있는 시설을 추가로 갖출 것(혼합성유지는 먼지제거시설을 제외할 수 있고, 불해성 지방 · 분말유지는 삶는시설 · 압착시설 · 유수분리시설 · 건조시설 · 정수시설을 각각 제외할 수 있음)</td></tr>
<tr><td>34. 남은음식물사료</td><td>가. 공장건물
나. 저장시설
다. 계량시설
라. 포장시설
마. 수송장치
바. 분쇄시설
사. 혼합시설</td><td>제6호의 시설기준과 같음</td></tr>
</table>

구분	사료종류	시설별	시설기준
기타	34. 남은음식물사료	아. 건조 · 냉각시설	생산능력에 적합한 건조 · 냉각시설을 갖출 것. 다만, 습식제조시설인 경우에는 그러하지 아니하다.
		자. 악취제거시설	제조 과정에서 발생하는 악취를 제거하는 설비를 「악취방지법」에 따라 갖출 것
		차. 이물질제거시설	쇠붙이 · 비닐 · 유리 등 이물질 제거에 적합한 시설을 갖출 것
		카. 가열시설	100℃에서 30분 이상 가열할 수 있는 시설을 갖출 것. 다만, 돼지전용사료만을 제조하는 경우에는 80℃(심부온도기준)에서 30분 이상 가열할 수 있는 시설을 갖출 것
	35. 혼합제 (혼합성 단미사료)	가. 공장건물 나. 저장시설 다. 계량시설 라. 포장시설 마. 건조시설* 바. 분쇄시설 사. 혼합시설	제6호의 시설기준과 같음
		아. 기타*	필요시 혼합한 각각의 단미사료 시설기준을 갖출 것

※ 비고

1) 같은 공장에서 2 이상의 단미사료를 생산하는 경우에는 단미사료별로 유수분리시설 · 배양시설 · 알파화시설, 그 밖에 농림축산식품부장관이 정하여 고시하는 시설을 각각 따로 갖추어야 하며, 그 밖의 시설은 공동으로 사용할 수 있는 공통시설로 갖출 수 있다.
2) 1)에도 불구하고 제23호부터 제26호까지 사료의 경우에는 같은 공장에서 2 이상의 단미사료를 생산할 수 없다. 다만, 농림축산식품부장관이 수급조절을 위하여 필요하다고 인정하는 경우에는 그러하지 아니하다.
3) "*" 표시가 있는 시설은 단미사료 제조공정 또는 포장방법의 특성상 불필요한 경우에는 시 · 도지사의 승인을 받아 갖추지 않을 수 있다.

첨부 5. 유기배합사료의 공정 및 일반기준(사료 등의 기준 및 규격 별표 10, 신설 2014.12.8)

1. 제조시설 기준

가. 「사료관리법 시행규칙」 제6조 관련 별표 1의 배합사료제조업의 시설기준에 따른다.

나. 유기배합사료 생산을 위한 원료가 일반 배합사료 생산을 위한 원료와 다른 경우에는 원료를 저장하는 저장시설을 별도로 갖추어야 한다.

다. 유기배합사료를 제조하기 위한 생산라인은 일반 제품생산라인과 별도로 구분되어야 한다. 다만, 일반제품 생산후 세척(Flushing)관리 되는 경우 같은 생산라인에서 유기배합사료를 생산할 수 있다.

2. **유기배합사료의 범위 및 성분등록 사항**은 별표 3의 배합사료의 범위 및 별표 12의 성분등록 사항을 따른다.

3. 유기배합사료의 기준

가. 유기배합사료의 원료는 다음 각 세목의 기준에 적합하여야 한다.

1) 유기배합사료 제조에 사용되는 단미사료는 제4조에 따른 단미사료 중 「친환경농어업 육성 및 유기식품 등의 관리 · 지원에 관한 법률 시행규칙」 별표 1의 유기배합사료 제조용 물질 중 단미사료의 사용가능 조건에 적합하여야 한다.

2) 유기배합사료 제조에 사용되는 보조사료는 제5조에 따른 보조사료 중 「친환경농어업 육성 및 유기식품 등의 관리 · 지원에 관한 법률 시행규칙」 별표 1의 유기배합사료 제조용 물질 중 보조사료의 사용가능 조건에 적합하여야 한다.

나. 유기배합사료는 다음의 요건을 충족하여야 한다.

1) 잔류농약 : 제11조(유해물질 등의 범위와 기준)에서 정한 허용기준치의 1/10 이하

2) 중금속 및 곰팡이 독소 : 제11조(유해물질 등의 범위와 기준)에서 정한 허용기준치 이하

3) 항생제 및 합성항균제 : 불검출

4) GMO농산물 혼입율 : 불검출(비의도적 혼입 허용치 제외)

다. 제품을 벌크 형태로 운반하는 경우 운반차량은 별도로 운영하여야 한다. 다만, 운반차량이 일반 제품 운반 후 세척(Flushing)관리 되는 경우 동일 차량을 이용할 수 있다.

4. 수입 유기배합사료의 기준 및 성분등록시 확인사항

가. 수입유기배합사료의 확인 및 성분등록에 대한 절차는 국내생산 유기배합사료의 확인 및 성분등록 절차에 준하여 실시한다.

나. 수출국가가 유기 배합사료 및 제조업체에 대한 인증제도를 실시하는 경우에는 서류검사 · GMO혼입율검사 · 사료안전성검사 등을 통해 유기사료로 확인될 경우 유기사료로 성분등록 한다. 서류검사시 확인사항은 아래와 같다.

1) 사료제조업체가 수출 국가의 사료관련 법률에 의거 제조업을 등록하고 생산되는 사료가 해당 국가에서 적법하게 생산 · 유통되는 사료인지 유무

2) 수출국의 인증기준(해당규정) 및 인증서

3) 인증기관이 국가가 아닌 민간인증기관인 경우 동 인증기관이 수출국의 관련법 및 국제적 인증기관(IFOAM 등)으로부터 지정을 받았는지 여부

다. 수출국가가 유기 배합사료 및 제조업체에 대한 인증제도를 실시하지 않는 경우 해당 사료제조업체 및 원료공급업체(농가) 등에 대한 현장 확인을 실시할 수 있으며, 현장확인을 할 경우에는 다음 항목별로 세부 사항을 심사하여야 한다.

1) 유기사료(원료)에 대한 관리체계(프로그램)

2) 배합사료원료의 유기여부 확인방법

3) 원료입고 · 제품생산 · 제품저장 · 출하단계에서 비 유기원료 및 일반배합사료가 혼입 · 혼합되는지 여부확인

4) 유기사료(원료)의 유해물질, GMO 등 검사여부

5) 배합사료 및 대두박, 옥수수 등은 공장에서 시료를 채취하여 GMO분석 실시

첨부 6. 배합사료의 범위(제6조제2항 관련) (사료 등의 기준 및 규격 별표 3)

사료종류	축종	명칭
1. 양축용 배합사료	가. 고기소	번식용어린송아지, 번식용중송아지, 번식용큰송아지, 종모우, 고기소임신우, 고기소포유우, 비육용어린송아지, 비육용중송아지, 큰소비육전기, 큰소비육중기, 큰소비육후기
	나. 젖소	젖소어린송아지, 젖소중송아지, 젖소큰송아지, 젖소임신우, 젖소종모우, 비유초기젖소, 비유중기젖소, 비유말기젖소, 건유기젖소, 고능력젖소
	다. 돼지	젖먹이돼지, 젖뗀돼지, 육성돈전기, 육성돈후기, 비육돈, 비육돈출하, 번식용수퇘지, 번식용암퇘지, 임신돼지, 포유돼지
	라. 닭	산란용어린병아리, 산란용중병아리, 산란용큰병아리, 육용종계어린병아리, 육용종계중병아리, 산란계산란전, 산란계산란초기, 산란계산란중기, 산란계산란말기, 산란종계, 육계전기, 육계후기, 육계출하, 육용종계
	마. 오리	육용오리전기, 육용오리후기, 종오리용어린오리, 종오리용육성오리, 종오리용산란오리
	바. 개	어린개, 육성개, 큰개
	사. 꿩	어린꿩, 육성꿩, 큰꿩
	아. 말	어린말, 육성말, 큰말
	자. 메추리	어린메추리, 육성메추리, 큰메추리, 산란메추리
	차. 사슴	어린사슴, 육성사슴, 큰사슴
	카. 양	어린면양, 육성면양, 큰면양, 어린염소(산양), 육성염소(산양), 큰염소(산양)
	타. 오소리	어린오소리, 육성오소리, 큰오소리
	파. 칠면조	어린칠면조, 육성칠면조, 큰칠면조
	하. 타조	어린타조, 육성타조, 큰타조, 산란타조
	거. 토끼	어린토끼, 육성토끼, 큰토끼
	너. 기타	농가 자가배합사료 원료
2. 프리믹스용 배합사료	가. 전체	축종별로 구분 * "프리믹스용 배합사료"라 함은 배합사료를 제조할 때 사용하는 사료로서 비타민제와 미량광물질류를 주 원료로 하고 여기에 필요에 따라 아미노산제 등의 보조사료와 부형제를 혼합하여 균질화한 것을 말함
3. 대용유용 배합사료	가. 전체	축우용대용유, 양돈용대용유, 주문용대용유 * "대용유용배합사료"라 함은 주로 어린(갓난)가축에게 급여하기 위하여 제조하는 사료로서 교차오염방지를 위하여 반드시 대용유용배합사료 제조시설(규칙 별표 1)에서 주로 유당, 유장, 유조제품을 혼합하고 필요에 따라 비타민제 등의 보조 · 단미사료를 첨가하여 제조한 배합사료를 말함

사료종류	축종	명칭
4. 반추동물용 섬유질 배합사료	가. 고기소	양축용 배합사료의 명칭에 준하여 성장단계별로 제조업자가 정함 * "반추동물용 섬유질 배합사료"라 함은 섬유질사료를 분쇄, 가열 등의 물리적 또는 화학적으로 처리하거나, 수분조절 또는 기호성 증진을 위하여 곡류, 강피류, 박류, 식품가공부산물류, 광물질류 또는 보조사료를 첨가한 후 균체, 효모 등을 이용하여 인공 또는 자연적으로 발효시킨 것으로서 조섬유의 함량이 건물기준으로 15퍼센트 이상인 것(단, 큰소비육 단계의 경우 10% 이상)
	나. 젖소	
	다. 기타 반추동물	
5. 그 밖의 동물·어류용 배합사료	가. 실험용동물	실험용 동물별 사료명칭 및 사용범위는 제3조의 규정에 의한 동물명에 의거 성장단계별로 구분하여 제조업자가 정함
	나. 애완용동물	애완용 동물별 사료명칭 및 사용범위는 제3조의 규정에 의한 동물명에 의거 성장단계별로 구분하여 제조업자가 정함. ※ 통조림 형태로 되어있는 사료는 품질유지기한을 표시하여야 함
	다. 사육하는 동물	사육하는 동물별 사료명칭 및 사용범위는 제3조의 규정에 의한 동물명에 의거 성장단계별로 구분하여 제조업자가 정함
	라. 수산동물	어종별 사료명칭 및 사용범위는 어종별 및 성장단계별 등으로 구분하여 제조업자가 정함 *반건조배합사료(SEP, Soft Extrude Pellet 혹은 Semi-moist pellet <반습사료>)라 함은 수분함량이 25% 내외로 70℃에서 사료 제조과정을 거친 다음 건조과정을 거치지 않고 바로 냉각처리 후 포장되어 냉동 유통되는 양식수산동물용 배합사료로서 높은 수분함량으로 인해 운반시 뭉게지기 쉽고, 특히 여름철에는 운반 및 보관시 산패 · 변패가 생길 가능성이 높아 저온보관이 필요함

6. 배합사료의 사료명칭이 다음 각 목에 해당하는 경우에는 그 예에 따라 명칭을 사용하여야 한다.

가. 동물의 생산능력 또는 계절 등에 따라 등록성분을 달리하여 배합사료의 명칭을 세분할 필요가 있을 경우에는 그 명칭 다음에 아라비아 숫자를 순서대로 부여할 수 있다.(예: 큰소비육후기1) 이 경우에는 동물에 필요한 영양상 근거 · 원료사용비율 · 명칭의 세분 필요성 등이 분명하여야 하며, 단순히 등록성분의 함량을 달리하여 명칭을 세분할 수 없다.

나. 실수요자의 주문에 의하여 제조하는 경우에는 성분량에 한하여 주문자의 요구에 따라 달리하여 그 명칭 앞에 "주문"을 표시하여야 한다.(예 : 주문큰소비육후기)

다. 제8조제7항에 따른 유기배합사료를 제조하는 경우에는 그 명칭 앞에 "유기"를 표시하여야 한다. (예 : 유기큰소비육후기)

라. 양축용 배합사료 중에서 고기소 · 젖소 · 돼지 · 닭 · 오리의 배합사료를 제외한 다른 축종의 배합사료 명칭은 제조업자 또는 수입업자의 신청에 의하여 시 · 도지사가 승인할 수 있다.

마. 그 밖의 동물·어류용 배합사료는 그 명칭 앞에 "실험"·"애완"·"사육" 또는 "관상"을 표시하여야 한다.(예 : 실험어린개, 애완어린개, 사육육성원앙새, 관상어린금붕어)

바. 사료명칭은 "성장단계 + 동물명"으로 작명하여야 한다. 다만, 전체 성장단계에 모두 사용할 수 있는 경우 "성장단계"는 생략하고 "동물명" 또는 "동물종류"로만 작명할 수 있다.(예 : 실험마우스, 애완고양이, 사육청둥오리, 관상어류)

첨부 7. 사료내 유해물질의 범위 및 허용기준(사료 등의 기준 및 규격 별표 16)

1. 관리대상 주요 중금속

유해물질명	사료의 종류		허용기준
납	배합사료	프리믹스용 배합사료	30ppm
		기타 배합사료	10ppm
	단미사료	과실류, 동물성단백질류, 서류, 섬유질류, 채소류(엽채류 제외)	10ppm
		곡류, 강피류, 견과종실류, 남은음식물사료, 박류, 콩류	20ppm
		광물성, 동물성무기물류, 참깨, 채소류(엽채류), 혼합성 단미사료	30ppm
불 소	배합사료	고기소용	100ppm
		젖소용, 대용유용	50ppm
		돼지용	150ppm
		기타 배합사료	300ppm
		프리믹스용 배합사료	1,800ppm
	단미사료	다량광물질류 및 미량광물질류, 혼합광물질류, 혼합성 단미사료	1,800ppm
		인산염류	인 함량의 1/100 이하
		칼슘염류	350ppm
비 소	배합사료	프리믹스용 배합사료	12ppm
		수산동물용 배합사료	20ppm
		기타 배합사료	2ppm
	단미사료	남은음식물사료, 광물성, 혼합성 단미사료	40ppm
수 은	배합사료	프리믹스용 배합사료	0.5ppm
		기타 배합사료	0.4ppm
	단미사료	곡류, 강피류, 광물성, 남은음식물사료, 동물성단백질류, 동물성무기물류, 면실, 박류, 혼합성 단미사료	0.5ppm
		섬유질류	0.4ppm
카드뮴	배합사료	프리믹스용 배합사료	50ppm
		수산동물용 배합사료	2.0ppm
		기타 배합사료	1.0ppm
	단미사료	곡류, 강피류, 견과종실류, 남은음식물사료, 박류, 서류, 식염류, 채소류, 콩류	2.5ppm
		다량광물질류, 미량광물질류, 혼합광물질류, 혼합성 단미사료	50ppm

유해물질명	사료의 종류			허용기준
크 롬	배합사료	전체 배합사료		100ppm
		프리믹스용 배합사료		1,000ppm
	단미사료	동물성 단백질류	어분, 어즙흡착사료,	100ppm
			동물성단백질혼합사료, 모발분, 우모분, 육가공부산물, 육골분, 육분, 육포, 제각분	300ppm
			피혁가공분말	1,000ppm
		남은음식물사료, 동물성무기물류, 혼합성 단미사료		100ppm
주석	배합사료	알루미늄 캔을 제외한 캔 제품에 한하며 산성통조림은 200ppm이하이여야 한다.		150ppm
	단미사료			

* 별도로 언급하지 않은 단미·보조사료는 해당 중금속의 최저 허용기준을 초과해서 검출되어서는 안 된다. 다만, 별표 5와 별표 6에서 중금속 허용기준이 제시된 사료는 그 기준을 적용한다.

2. 관리대상 주요 곰팡이독소

유해물질명	사료의 종류		허용기준
아플라톡신 B1, B2, G1, G2	배합사료	어린송아지 및 어린병아리용, 젖먹이·젖뗀돼지용, 육계전기용, 비유젖소용	10ppb
		기타 배합사료(프리믹스용 배합사료를 제외한다)	20ppb
	단미사료	곡류, 강피류, 남은음식물사료, 면실, 박류, 혼합성 단미사료	50ppb
오크라톡신A	배합사료	전체 배합사료(프리믹스용 배합사료는 제외)	200ppb
	단미사료	곡류, 강피류, 혼합성 단미사료, 남은음식물사료	200ppb

* 다만, 배합사료 제조업자가 단미사료 중 규칙 제12조제2항에 따라 자가제조를 위하여 수입하는 사료(성분등록 제외 사료)의 경우에는 곰팡이독소저감제(Mycotoxin Binder, 가급적 국내외에서 인증받은 제품 사용을 권장)를 처리하고, 최종 배합사료가 허용기준을 충족할 수 있는 방법으로 관리가 가능한 경우에는 단미사료의 허용기준을 2배(아플라톡신 100ppb, 오크라톡신 400ppb)까지 허용한다(2015년 12월 31일까지 그 효력을 가진다).

* 별도로 언급하지 않은 사료는 해당 곰팡이 독소의 최저 허용기준을 초과해서 검출되어서는 안 된다.

3. 관리대상 주요 잔류농약

구 분			적용대상 사료종류	허용기준
농 약	유기인계	다이아지논(Diazinon)	배합사료/ 단미사료의 섬유질류	5.0ppm
		디클로르보스(Dichlorvos)		2.0ppm
		말라치온(Malathion)		8.0ppm
		에디펜포스(Edifenphos)		50.0ppm

구 분			적용대상 사료종류	허용기준
농 약	유기인계	에치온(Ethion)		10.0ppm
		이피엔(EPN)		0.5ppm
		이소펜포스(Isofenphos)		1.0ppm
		클로르피리포스(Chlorpyrifos)		0.5ppm
		클로르피리포스메칠(Chlorpyrifos-methyl)		6.0ppm
		파라치온(Parathion)		1.0ppm
		페니트로치온(Fenitrothion)		6.0ppm
		펜토에이트(Phenthoate)		1.0ppm
		펜치온(Fenthion)		1.0ppm
		피리미포스메칠(Pirimiphos-methyl)		5.0ppm
	유기염소계	비에이치시(BHC)		0.2ppm
		디디티(DDT)		0.5ppm
		디엘드린(알드린포함)(Dieldrin and Aldrin)		0.02ppm
		엔드린(Endrin)		0.01ppm
		헵타크롤(헵타크롤에폭사이드 포함) (Heptachlor and Heptachlor epoxide)		0.02ppm
	피레스로이드계	퍼메쓰린(Permethrin)		10.0ppm
		펜발러레이트(Fenvalerate)		5.0ppm
	카바메이트계	카바릴(Carbaryl)		5.0ppm
		페노브카브(Fenobucarb)		1.0ppm
		이소프로카브(Isoprocarb)		0.5ppm
	벤지미다졸계	베노밀(Benomyl)		20.0ppm
		치아벤다졸(Thiabendazole)		5.0ppm
	단성분	에칠렌디브로마이드(EDB)		0.5ppm

* 별도로 언급하지 않은 단미·보조사료는 해당 잔류농약의 허용기준을 초과해서 검출되어서는 안 되며, 별도로 언급하지 않은 잔류농약은 식품등에서 설정된 허용기준을 초과해서 검출되어서는 안 된다.

4. 관리대상 주요 방사능

구분	축 종	사료의 종류	허용기준 기준(Bq/kg, L)
세슘 (Cs134+Cs137)	고기소, 젖소, 말	배합사료	100.0
	돼지	단미사료	80.0
	가금류(닭·오리·꿩·메추리·칠면조·타조 등)	보조사료	160.0
	양식용 수산동물		40.0
	기타		100.0
요오드 (I131)	전체		300.0

5. 관리대상 주요 기타 성분

<table>
<tr><th>유해물질명</th><th colspan="2">사료의 종류</th><th>허용기준</th></tr>
<tr><td>유리고시폴</td><td>단미사료</td><td>면실박, 혼합성 단미사료</td><td>1,200ppm</td></tr>
<tr><td>청산</td><td>단미사료</td><td>타피오카, 혼합성 단미사료</td><td>50ppm</td></tr>
<tr><td rowspan="2">살모넬라
(D그룹)</td><td>배합사료</td><td>닭, 메추리, 실험용 동물, 애완용 동물, 사육하는 동물</td><td rowspan="2">불검출</td></tr>
<tr><td>단미사료</td><td>남은음식물사료, 동물성단백질류, 동물성무기물류,
반려동물음용수, 박류, 혼합성 단미사료</td></tr>
</table>

6. 사용이 금지된 주요 동물용의약품은 「안전성 및 유효성 문제성분 함유제제 등에 관한 규정」 제2조에 의해 다음 각 목과 같으며, 사료 내에서 검출되어서는 안 된다.

가. 무기비소제제
나. 피리메타민제제
다. 항갑상선물질
라. 성장촉진홀몬제
마. 니트로후란제제(후라졸리돈, 후랄타돈, 니트로푸라존, 니트로빈 및 니트로푸란토인 등)
바. 클로람페니콜 제제
사. 디메트리다졸
아. 기타 발암성 등 안전성 및 유효성에 문제가 있는 것으로 확인된 당펩타이드계 항생제(아보파신, 반코마이신 등), 클로르프로마진, 클렌부테롤, 이프로니다졸, 말라카이트그린, 콜치신, 스트리키닌, 디에칠스틸베스트롤, 유기염소제 및 클로르포름 함유제제.
자. 카바독스, 로니다졸, 올라퀸독스, 답손 및 메트로니다졸 함유제제

7. 「식품위생법」, 「건강기능식품에 관한 법률」, 「약사법」, 「먹는물관리법」등 관련 법령에서 유해물질로 분류한 물질은 관련 법령에서 허용하는 최대치를 초과해서 검출되어서는 안 된다.

8. 이 고시에서 별도로 기준을 정하지 않은 것은 잠정적으로 국제식품규격위원회(CAC : Codex Alimentarius Commission) 규정을 준용할 수 있으며, 국제식품규격위원회 규정이 없는 경우에는 농림축산식품부장관이 해당물질별 관련 자료와 선진외국의 엄격한 기준 등을 종합적으로 검토하여 판정할 수 있다.

첨부 8. 조사료 수입위생조건(농림축산식품부고시 제2013-3호, 2013.4.4. 일부개정)

조사료 수입위생조건

제정 농림부고시 제2001-48호 2001.7.19.
개정 농림수산식품부고시 제2009-222호 2009.8.25.
개정 농림수산식품부고시 제2012-104호 2012.8.24.
개정 농림축산식품부고시 제2013-3호 2013.4.4.

제1조(목적) 이 고시는 「가축전염병예방법」제34조제2항 및 같은법 시행규칙 제35조에 따라 대한민국으로 수출하는 조사료에 대한 수출국의 검역 내용 및 가축위생 상황 등 조사료 검역에 필요한 사항을 규정함을 목적으로 한다.

제2조(적용범위) ① 이 고시는 목초류, 청예작물, 사일리지 작물, 건초작물, 사료용 근채류, 야초, 고간류, 수엽류 등으로서 자연상태 그대로 또는 건조한 것, 단순 절단 또는 세절한 조사료에 한하여 적용한다. 다만, 수출국정부가 세계동물보건기구(OIE)규정에 의한 구제역 바이러스 사멸처리 온도이상으로 열처리 가공처리된 것임을 증명한 펠렛, 큐브, 및 그와 같은 모양의 것은 제외한다.

② 별표에 등재된 국가에서 생산된 조사료는 이 수입위생조건의 적용을 받지 않는다. 조사료 수입위생조건 적용 제외대상국으로 등재되기 위해서는 OIE에서 인증한 구제역 예방접종을 실시하지 않는 비발생국으로 대한민국으로의 우제류 동물 또는 그 생산물의 수입이 허용된 경우이거나, 적용 제외대상국으로 등재되기 위한 별도의 수입위험분석 절차를 밟아야 한다. 한편, 대한민국으로의 우제류 동물 및 그 생산물의 수입이 금지되는 경우에는 적용 제외대상국에서 자동적으로 삭제된다.

제3조(질병요건) 수출조사료를 생산하는 지역은 반경 50Km이내에 과거 2년간 구제역, 과거 3년간 우역 및 아프리카돼지콜레라의 발생이 없어야 한다.

제4조(조사료 요건) 수출조사료는 다음 각호의 기준을 충족시켜야 한다.

1. 대한민국으로 수출하는 조사료(이하 "수출조사료"라 한다)는 수출국내에서 생산된 것이어야 한다.
2. 수출조사료는 생산, 포장 및 보관 작업과정에서 우제류동물 및 우제류동물 유래의 배설물 및 분비물 등과의 접촉이 없었던 청결한 것이어야 한다.
3. 수출조사료는 밀폐된 실내에서 건초의 중심부가 80℃ 이상의 온도로 10분 이상 열처리되거나, 포장(packing)하기 전에 밀폐된 실내에서 35~40%의 포르말린 용액을 이용한 포르말린가스로 19℃ 이상의 온도에서 8시간 이상 처리되어야 한다.
4. 수출조사료는 수출국정부가 승인한 소독약을 사용하여 세척후 소독된 밀폐식 컨테이너에 적재되고 봉인되어 운송되어야 하며, 즉시 적재되지 않을 경우에는 재오염의 우려가 없는 방법으로 보관되어야 한다.
5. 수출조사료를 위한 밀폐식 컨테이너 봉인을 위한 봉인양식은 한국 동물검역당국에 사전 통보되어야한다.

제5조(조사료 처리시설 요건) 열처리 또는 소독처리를 위한 시설(이하 "처리시설"이라 한다)의 기준은 다음 각호와 같다.

1. 처리시설은 자동온도기록부를 갖춘 자동온도조절장치와 소독 등에 필요한 장비를 갖추고 있어야한다.

2. 처리시설은 원료반입부터 컨테이너 적재까지 한방향으로 일관된 작업을 할 수 있도록 설비되어야 한다.
3. 처리시설의 원료처리・소독처리・소독처리 종료후 및 보관 작업공정을 위한 작업장은 별도로 분리되어야 하며 이들 각각의 작업장은 별도의 출입구, 갱의실, 화장실 등의 설비를 갖추고 있어야 한다.
4. 처리시설의 바닥, 벽, 천장은 청소가 용이하도록 설비되어야 하며 바닥은 불침투성 재질을 사용한 시설과 배수시설을 갖추고 있어 세척・소독이 용이하여야 한다.
5. 처리시설 및 보관 시설은 수출국 정부기관이 지정한 시설로서 대한민국정부에 사전 통보되어야 하고, 이 통보된 시설은 대한민국 수의관의 현지점검 또는 기타의 방법을 통해 승인을 받아야 한다

제6조(수출증명서) 수출국 정부 수의관은 수출조사료의 선적 전 다음 각 호의 사항을 한글 또는 영문으로 상세히 기재한 수출동물검역증명서를 발행하거나 또는 수출식물위생증명서에 동 내용을 부기하여 발행하여야한다.

1. 상기 제3조, 제4조의 제1호, 제2호, 제3호 및 제4호에 명시된 사항
2. 품명, 포장형태, 포장수량 및 중량
3. 생산지역, 처리시설, 보관시설의 명칭, 주소
4. 열처리 및 소독처리 연월일, 처리방법, 컨테이너 봉인번호
5. 선(기)명, 선적일자 및 선적지명
6. 송하인 및 수하인의 주소와 성명(회사명)
7. 검역증명서 발행일자, 발행장소, 발행자의 소속, 직책, 성명 및 서명

제7조(수출중지) 대한민국 정부수의관은 건초 생산지대 및 수출관련시설에 대한 현지점검 및 생산 기록원부를 조사할 권한을 가지며, 수입위생조건과 일치하지 않은 사항을 발견할 시에는 대한민국으로의 조사료 수출을 중지시킬 수 있다.

제8조(반송 및 폐기처분) 대한민국 정부수의관은 수출조사료에 대한 검역중 대한민국정부의 수입위생조건에 부적합한 사항을 발견할 경우와 수출국 정부가 봉인한 컨테이너 봉인이 탈락 파손된 것을 발견할 경우에는 수출조사료를 반송 또는 폐기처분 할 수 있다.

제9조(현지조사) 대한민국정부는 본 수입위생조건의 시행 및 적용과 관련하여 필요하다고 인정하는 경우, 정부수의관을 일정기간동안 수출국 현지에 파견할 수 있으며, 수출국 정부는 현지에 파견된 대한민국 정부 수의관의 현지조사를 위한 사항에 적극 협조하여야 한다.

부　　칙

이 고시는 '01.7.28일부터 시행한다.

부　　칙<농림수산식품부고시 제2009-222호, 2009.8.25>

① (시행일) 이 고시는 고시한 날부터 시행한다.
② (고시 등의 폐지) 농림수산식품부고시 제2001-48호(조사료 수입위생조건, 2001.7.19)는 폐지한다.
③ (재검토기한) "「훈령・예규 등의 발령 및 관리에 관한 규정」(대통령훈령 제248호)"에 따라 이 고시 발령 후의 법령이나 현실여건의 변화 등을 검토하여 이 고시의 폐지, 개정 등의 조치를 하여야 하는 기한은 2012년 8월 24일까지로 한다.

부　　칙<농림수산식품부고시 제2012-104호, 2012.8.24>

① (시행일) 이 고시는 고시한 날부터 시행한다.

② (재검토기한) 「훈령 · 예규 등의 발령 및 관리에 관한 규정」(대통령훈령 제248호)에 따라 이 고시 발령 후의 법령이나 현실여건의 변화 등을 검토하여 이 고시의 폐지, 개정 등의 조치를 하여야 하는 기한은 2015년 8월 23일까지로 한다.

부 칙

① (시행일) 이 고시는 발령한 날부터 6개월이 경과한 날부터 시행한다. 다만, 별표에 따른 적용제외 대상국가로부터 수입하는 경우에는 발령한 날부터 시행한다.

② (재검토기한) "「훈령 · 예규 등의 발령 및 관리에 관한 규정」(대통령훈령 제248호)"에 따라 이 고시 발령 후의 법령이나 현실여건의 변화 등을 검토하여 이 고시의 폐지, 개정 등의 조치를 하여야 하는 기한은 2016년 4월 3일까지로 한다.

<별표 : 조사료 수입위생조건 적용 제외대상국>

1. 조사료 수입위생조건 적용 제외 대상 국가는 다음과 같다.
호주, 뉴질랜드, 오스트리아, 벨기에, 캐나다, 덴마크, 핀란드, 스웨덴, 독일, 헝가리, 폴란드, 우크라이나, 라트비아, 리투아니아, 에스토니아, 멕시코, 미국(본토, 알라스카주 및 하와이주에 한함), 일본, 네덜란드, 아일랜드, 영국, 이탈리아, 스페인, 칠레, 슬로바키아, 스위스, 프랑스

저자 약력

한옥수

1990 - 현재　전남대학교 농업생명과학대학 교수

2009 - 2013　친환경농산물 인증기관 협회 부회장/회장

2006 - 2015　전남대학교 친환경농산물 인증센터장

한중열

2010 - 현재　한국유기심사원협회장

2011 - 현재　한두레 토양분석 센터장

유기가공품 인증 심사 방법론

인　쇄　2016년 11월 5일
발　행　2016년 11월 10일

지은이__한옥수 · 한중열
발행인__지병문
발행처__전남대학교출판부
등　록__1981. 5. 21. 제53호
주　소__61186 광주광역시 북구 용봉로 77
전　화__(062) 530-0571~2
영업부__(062) 530-0573
팩　스__(062) 530-0579
홈페이지__http://www.cnup.co.kr
이메일__cnup0571@hanmail.net

값 13,000 원

ISBN　978-89-6849-355-3 (93520)

이 도서의 국립중앙도서관 출판예정도서목록(CIP)은 e-CIP홈페이지(http://www.nl.go.kr/ecip)와
국가자료공동목록시스템(http://www.nl.go.kr/kolisnet)에서 이용하실 수 있습니다.
(CIP제어번호: CIP2016026073)